乡村振兴人才培养系列教材
图说现代农业高质量发展关键技术丛书

图说苹果栽培关键技术

张力飞　梁春莉　王国东　杜玉虎　编著

中国农业大学出版社
·北京·

内 容 简 介

苹果作为一种主要栽培作物，给农民带来了较大的经济收益。然而，随着农业的不断发展，如果依然采用传统的苹果栽培技术，势必影响到苹果生产经济效益的提升。本书共分四章，分别从苹果品种选择及优良品种、标准化苹果园的建立、苹果的树形及整形修剪、苹果周年生产管理技术等方面提出现代苹果园栽培管理的关键技术。本书编写中融入了我国最近几年制定的一些苹果栽培的标准、规程。全书内容呈现出技术先进，科学实用的特点。书中除了附有大量图片，还附有关键栽培技术点的视频或动画，便于读者学习和实践。

全书紧密联系生产实际，内容丰富，系统性、实践性强，适用于广大苹果生产者、苹果生产企业员工、农技推广人员和农林院校师生阅读。

图书在版编目（CIP）数据

图说苹果栽培关键技术 / 张力飞等编著. -- 北京：中国农业大学出版社，2023.2

ISBN 978-7-5655-2757-9

Ⅰ. ①图… Ⅱ. ①张… Ⅲ. ①苹果 – 果树园艺 – 图解 Ⅳ. ① S661.1-64

中国版本图书馆 CIP 数据核字（2022）第 053926 号

书　　名 图说苹果栽培关键技术

作　　者 张力飞　梁春莉　王国东　杜玉虎　编著

策划编辑 林孝栋　康昊婷　　**责任编辑** 康昊婷

封面设计 郑　川

出版发行 中国农业大学出版社

社　　址 北京市海淀区圆明园西路 2 号　　**邮政编码** 100193

电　　话 发行部 010-62733489，1190　　读者服务部 010-62732336

编辑部 010-62732617，2618　　出　版　部 010-62733440

网　　址 http://www.caupress.cn　　**E-mail** cbsszs@cau.edu.cn

经　　销 新华书店

印　　刷 涿州市星河印刷有限公司

版　　次 2023 年 2 月第 1 版　　2023 年 2 月第 1 次印刷

规　　格 148mm×210mm　　32 开本　　5 印张　　200 千字

定　　价 39.80 元

辽宁农业职业技术学院园艺技术专业群
果树科普著作编委会成员

前言

2020/21产季，世界苹果产量达8 053.3万t，中国以4 406.6万t的产量位居第一，占世界苹果总产量的54.7%。根据国家苹果产业技术体系数据统计，2021年我国苹果种植面积为3 132.12万亩（1亩≈666.7 m^2），比2020年的3 132.78万亩微减0.02%。其中，黄土高原优势区种植面积为1 830.42万亩，环渤海湾优势区种植面积为795.28万亩，其他产区种植面积为506.42万亩。新疆、四川、云南、贵州、西藏、宁夏等特色产区种植面积稳步增长，山东、河北、河南、山西等传统优势产区因产业结构优化而动态调整，种植面积呈减少态势。随着消费结构不断调整，消费者对产品质量要求更高，对产品多样性需求更大，优质苹果及其加工产品的市场前景较好，同时也要求苹果生产提质增效。

近30年来，世界苹果栽培制度发生了深刻变化，苹果矮砧密植已经成为世界苹果栽培的发展方向，并在世界主要苹果生产国中得到了广泛应用；中国自20世纪80年代初推广乔砧密植栽培以来，乔砧密植苹果园占栽培果园的90%以上，这种栽培方式由于树冠大、技术复杂、成花难、结果后树冠郁闭、管理成本高等问题已经不能适应现代苹果产业的发展。苹果矮砧密植栽培已成为中国果树研究者和生产者的共识。

全书共分四章，分别为苹果品种选择及优良品种、标准化苹果园的建立、苹果的树形及整形修剪、苹果周年生产管理技术。本书内容全面，技术先进，图文并茂，易学易懂。部分内容配有二维码，读者可以扫码观看视频。

本书编写过程中，借鉴了多位专家、学者的文章及书籍，在此表示感谢。由于笔者水平及编写时间有限，书中缺点和不足之处，敬请广大读者批评指正。

编　者

2022年8月

目录

第一章　苹果品种选择及优良品种 / 1

第三章　苹果的树形及整形修剪 / 49

第四章　苹果周年生产管理技术 / 73

视频清单

第一章
Chapter 1

苹果品种选择及优良品种

一、如何科学地选择苹果品种？

1. 要符合区域化布局，适地适栽

世界苹果主产国都十分重视苹果生产区域的选择，栽培区域不断向优生区集中。如意大利，80%以上的苹果产于特里提诺、埃米尼拉和威尼托地区；日本，青森和长野两县苹果栽培面积占全国的2/3；美国，华盛顿州苹果产量占全国总产量的50%。这些国家苹果的区域化布局，提高了果品在国际市场上的竞争能力。

根据我国各地农业气象条件对苹果生长、发育、产量、品质的影响，目前我国苹果生产主要分为环渤海湾产区、西北黄土高原产区、黄河古道和秦岭北麓产区、西南冷凉高地产区。近几年，又形成了渤海湾和西北黄土高原两个苹果优势产业带。

2. 要适量发展早中熟品种，结构合理

世界苹果主产国不同成熟期的品种布局更趋合理。如新西兰，晚熟：中晚熟：中早熟比例为4：3：3；日本，晚熟：中晚熟：中熟：其他比例为49：33：10：8。我国目前晚熟品种占总产的80%以上，与世界苹果主产国差距较大，需不断调整改善。

世界苹果主产国发展的品种具有明显的区域性，如日本四大主栽品种富士、乔纳金、津轻和王林，有3个是本国培育的；新西兰主栽品种中除富士外，嘎拉、布瑞本、太平洋玫瑰等都是自育品种。在今后相当长的一个时期内，占世界总产1/3左右的苹果将会是带有区域特色的地方性品种。

二、苹果的种类有哪些？

苹果属蔷薇科苹果属。苹果属植物，全世界有36种。原产我国的有23种，有的可用作砧木，有的则为观赏植物。

1. 苹果（图1–1）

世界各国栽培的苹果品种，绝大部分属于这一种或本种与其他种的杂交种。我国的绵苹果和引入的品种绝大部分属于此种。本种有很多变种，生产上

有价值的变种有：道生苹果、乐园苹果、红肉苹果等。

图1-1　苹果

2. 海棠果

别名楸子、圆叶海棠、海红、柰子。原产我国，是半栽培种，类型很多，分布很广。我国华北、东北、西北地区以及长江以南都有分布。

海棠果为小乔木。果实卵圆或球形，果面黄色或红色，萼片宿存，肥厚；果梗比果径长。8月中下旬至9月上旬采收，供鲜食或加工。本种适应性强，抗寒、抗旱、抗涝。作苹果的砧木，在盐碱地上表现比山定子好。也有用作授粉，如红玛瑙。

3. 沙果

别名花红、林檎、果子、甜子等。本种在我国华北、西北地区分布最多，长江以南各省也有分布。

沙果的品种很多。果实扁圆形，顶端平，萼片宿存，萼片基部肥大形成突起；黄色或满红，果点稀而不明显；果梗短。7—8月份成熟，供鲜食或加工用，不耐贮藏，本种可做砧木用，较抗寒，不耐盐碱。

4. 山定子（图1–2）

原产我国东北、华北、西北。为东北、华北地区苹果的主要砧木。

山定子为乔木或小乔木，果实小，重1 g左右。果梗细长，萼片脱落，10月份成熟。出种率2.2%～4.4%。每千克种子数量为16万～18万粒，层积处理需30～50 d。

图1–2　山定子

山定子的根系须根多，抗寒力极强，有的类型可耐-50 ℃低温，根系分布比海棠果浅，较抗旱，但不耐盐碱，土壤pH 7.8～8时，就会有黄叶病，抗涝能力也较差。与苹果嫁接亲和力强。山定子类型很多，对苹果生长结果影响不一，应注意选择。

5. 毛山定子

又名毛山荆子、辽山定子、棠梨木。原产我国东北、华北和西北。果实比山定子大，呈圆形。

本种在我国东北地区及河北、山西的北部山区作为苹果的主要砧木。

6. 三叶海棠

三叶海棠的叶片大多三裂，果实近圆形，红色或黄褐色。直径0.6～0.8 cm。萼片脱落，果枝长2～3 m。日本普遍用其作砧木。我国山东、辽宁有应用。

除此之外，还有湖北海棠、西府海棠、河南海棠、新疆野苹果等。

三、早熟苹果的优良品种有哪些？

1. 藤牧一号（图 1–3）

又称巨森，原产美国，20世纪80年代初引入日本，1986年由日本引入我国山东等地试栽。该品种适应性广，抗逆性强，凡苹果适生区均可栽植。因成熟期早，货价期较短，宜在城市近郊或交通便利地区发展。

图 1–3　藤牧一号

果实圆形或长圆形，有的果面有棱，果实个头较大，平均单果重200 g左右，最大单果重可达300 g以上。果皮底色黄绿，果面洁净光滑，有果粉，蜡质层厚，果点中小，充分着色时，全被鲜红条纹，外观美丽；果肉黄白色，质细，松脆，汁液多，酸甜适口，有香味，品质上乘。果实生育期85～90 d，辽宁熊岳一般于7月下旬至8月初成熟，采收后普通果库可贮存2～3周。

重要提示

因树势较弱，果园土壤肥水条件要相对好；易发生早期落叶病，应重视早防。

2. 珊夏（图 1–4）

图1–4 珊夏

又称桑萨或赞作，日本和新西兰共同用嘎拉 × 茜杂交育成，1976年选出，在日本作为早熟主栽品种之一，世界各国已广泛引种试栽。我国陕西、山东、辽宁等地引入，陆续结果。该品种适应性广，成熟早，品质极佳，在苹果适生区均可栽植，但以高原凉爽地区发展潜力更大。果实圆形，个头较大，平均单果重180 g左右。果皮底色绿黄，盖色鲜红，有深红条纹，比津轻易上色，尤其在温暖地区更为突出，外观美。但遇多雨年份，果实梗洼及果面易产生果锈；果肉白色，细脆，多汁，酸甜适度，香气浓，可溶性固形物含量15.5%，风味佳，品质上乘。辽宁熊岳成熟期7月底至8月上旬，比津轻早1周，无采前落果，普通果库可贮存2～3周。

3. 烟丽（图 1–5）

图1–5 烟丽

高桩，果形指数0.95，平均单果重215.6 g，果实大小整齐一致。果面盖色鲜红，底色绿黄，着色类型片红，着色程度在85%以上。果实去皮硬度为9.2 kg/cm^2。

果面光滑，有蜡质，无果粉。果点小、中疏、平。果梗中长、中粗，梗洼深广无锈。果心小，果肉淡黄色，肉质细、硬脆、汁液多、酸甜适度，香气浓。可溶性固形物含量14%～15%，可溶性糖13.14%，可滴定酸0.30%。8月初成熟。高抗炭疽叶枯病、白粉病和红黑点病。

四、中熟苹果的优良品种有哪些?

1. 绿帅（图1–6）

辽宁省果树研究所最新育成的早中熟苹果品种，金冠实生。目前在辽宁、河北、河南、山东等地推广，很受消费者喜欢。王冬梅等（2007年）研究发现，果实发育到70～80 d时即可采收上市。现在上海、广州等地的苹果“青果”市场仍以金冠为主，绿帅与其相比，在果实个头、果实品质及单位面积产量等方面都具有明显优势，市场前景十分广阔。果实短圆锥形，平均单果重255 g，最大单果重470 g；果实底色淡绿至黄绿，果皮薄、脆；果肉白色至黄白，质地松脆，肉质中粗，去皮硬度8.1 kg/cm²；果汁多，可溶性固形物含量12.78%，总糖含量10.89%，总酸含量0.34%，每100 g果肉维生素C含量为3.9 mg；风味甜酸、爽口清香，品质上乘。果实发育期90～95 d。辽宁熊岳果实8月上中旬成熟，比藤牧一号晚15 d上市。室温可存放15 d。

图1–6　绿帅

图1–7　美国八号

2. 美国八号（图1–7）

1984年由中国农科院郑州果

树研究所从美国引入。近年来，在山东、陕西等地进行多点生产示范，综合性状优良，栽植规模逐年扩大，已开始有小批量商品生产，并取得市场认可，售价高于嘎拉。果实近圆形或短圆锥形，果形指数0.81，个大，均匀，端正，平均单果重220 g，最大单果重380 g。果面光洁平滑，无棱起，蜡质少，果粉少，果点稍大，紧密，有晕圈，无果锈；果柄中长，梗洼较深；果皮底色黄绿，果面着鲜红色，着色面达90%以上，色泽艳丽，有光泽，外观美；果皮厚，果心大，果肉绵软、细腻。带皮硬度高达13.6 kg/cm^2，去皮硬度中等，多在9.0 kg/cm^2；果肉黄白色，松脆，多汁，酸甜适口，有香气，可溶性固形物含量14%左右，品质上乘。成熟期8月中旬，比嘎拉早1周左右。

3. 七月鲜（图1–8）

又名K9，辽宁省果树科学研究所用红玉 × 铃铛果杂交育成。2007年通过品种审定。七月鲜苹果受到国内外消费者欢迎，是出口俄罗斯的主要果品之一。果实短圆锥形，平均单果重55 g，最大单果重72 g；果面底色黄，阳面有深红霞，充分成熟后全面浓紫红色，美观。果面有白色果粉，较厚。果肉黄白色，肉质细致松脆，果汁中多，风味酸甜，有香气，品质上乘。可溶性固形物含量13.94%，含酸量1.53%。果实发育期85 d；辽宁8月上中旬果实成熟采收。果实在室内条件下能贮藏15 d左右。

图1–8　七月鲜

4. 锦绣海棠（图1–9）

又名塞外红，也称鸡心果。锦绣海棠是内蒙古自治区通辽市科研人员选育的寒地小苹果，抗寒性强于金红，仅次于黄太平，低洼地、坡地、盐碱地不适合栽植。锦绣海棠果实形状为长圆锥形，果形指数可达到1.3；平均单果重50 g左右，果实大小比较整齐；果皮底色淡黄，着色后果体全身着鲜红色，可在树上放至25 d左右，后期颜色变深红；果点小，有木栓点突起；管理到位，适当疏果，果实硬度大，多汁，酸甜，带香味，果核小，可食果肉占比大；短枝结

图1-9　锦绣海棠

果为主，连续结果能力强，盛果期每亩（1亩≈667 m^2）产量在3 000 kg左右成熟期在9月上旬。观赏价值大，采摘期长，可适当栽植。

5. 嘎拉系

嘎拉，新西兰培育，1960年发表。目前世界上已选出40多个嘎拉优系，在生产上栽培较多的主要有皇家嘎拉、丽嘎拉、早红嘎拉等。近几年我国山东选育的有烟嘎1号、烟嘎2号；陕西选育的有陕嘎1号、早红嘎拉等。在苹果适宜区均可栽植，尤其适宜我国西北黄土高原和渤海湾凉爽地区。作为一个世界性品种，已受到广大消费者欢迎，加上采收期恰逢“双节”的销售旺季，国际国内市场前景广阔。目前，陕西、山东等地已确定其为早中熟主栽品种加以发展。

（1）皇家嘎拉（图1-10）果实近圆形或圆锥形，稍有五棱，果实中大，平均单果重150～200 g，最大单果重250 g。果面光洁，无果锈，蜡质多，果点小，果皮底色黄绿，可全面着鲜红色，并有断续浓红条纹，外观美。果肉黄白或淡黄，细脆，致密，多汁，酸甜适口，香气浓。果实去皮硬度8.0 kg/cm^2，可溶性固形物含量15.0%左右，辽宁熊岳8月底至9月上旬成熟。

（2）**丽嘎拉** 果实近圆形，果实中大，平均单果重180 g左右，最大单果重230 g。果面光洁，无果锈，蜡质多，果点稀少。果皮底色黄绿，全面着浓红色，外观极美。果肉淡黄，细脆，致密，多汁，酸甜适口，香气较浓，果实去皮硬度8.0 kg/cm^2，可溶性固形物含量14.8%，辽宁熊岳8月下旬至9月初成熟，是目前嘎拉优系中的佼佼者。

图1–10 皇家嘎拉

（3）**早红嘎拉** 果实圆锥形，果形指数0.84，平均单果重150 g，最大单果重180 g。果皮底色黄绿，果点小，有光泽，片红，色泽艳丽，着色面积70%～90%。肉质细脆，汁多，酸甜适口，有香气，果实去皮硬度7.8 kg/cm^2，可溶性固形物含量14.6%，7月下旬至8月初成熟。早熟果、丰产、优质，上市早，抗病，耐日灼，较耐贮，为目前嘎拉早熟优系，宜尽快扩大栽培。

6. 红王将（图1–11）

红将军即红王将，是日本于1982年由早生富士园中选出，1987年登记，1988年我国山东、辽宁引入试栽的早熟着色系芽变，与早生富士相差无几，而着色优于早生富士。果实略呈长圆形，高桩；果实个大，平均单果重350 g，最大单果重400 g；果形较端正，果实底色黄绿，光滑，着鲜红色彩或全面鲜红色。果肉黄白色，肉质细脆爽口，多汁，果实风味酸甜浓郁，稍有香气，品质上乘。可溶性固形物含量15.0%以上，去皮硬度8.6 kg/cm^2。成熟期比红富士早1个月，果实生育期150 d左右，9月底成熟；贮藏性比红富士稍差。

图1–11 红王将

因其品质优，成熟期较早，可作为中熟品种，市场前景较好。

图1-12　津轻

7. 津轻及其芽变系

津轻及其芽变系均为日本品种。津轻由日本青森县苹果试验场育成，母本金冠、父本不明。1930年杂交，1975年定名。日本三大主栽品种之一，生产上占有较大比重。为了改善津轻果实的着色，日本各地从津轻中选出了许多着色更好的芽变系，如坂田津轻、秋香、芳明等。这些芽变系除果实色泽比津轻更好之外，在生长、结果习性方面均无明显的不同。1978年我国从日本引入津轻，是陆续引入主要的着色系，栽培上对这些着色系津轻习惯上叫作"红津轻"，在我国已有比较广泛的栽培。

（1）津轻（图1-12）　果实近圆形，单果重约180 g；底色黄绿，阳面有红霞和红条纹；津轻果面少光泽、蜡质较少，梗洼处易生果锈，重时可达果肩部，果点不明显，果皮薄；果肉乳白色，肉质松脆，汁多，风味酸甜，稍有香气，可溶性固形物含量14%左右，品质上乘。在黄河故道地区于8月中旬成熟，在河北北部、辽宁9月中旬成熟。果实不耐贮藏，采后在室内存放不超过30 d。

（2）红津轻　果皮薄，红色，果肉细脆、汁多，味香甜，可溶性固形物含量15.5%，品质极佳。在熊岳地区9月上中旬成熟。果肉结构好，贮藏至新年不皱皮，果肉不变软，冷藏可贮至翌年4月。

8. 元帅系品种

美国品种。起源于美国衣阿华州，钟花的根蘖。到目前共有五代。第一代（1个）：元帅；第二代（33个）：红星、红冠和奥卡诺玛（短枝）等；第三代（59个）：新红星（蛇果）、艳红、超红、矮锦红等；第四代（22个）：首红、魁红、银红等；第五代（>7个）：超矮红、俄矮2号、矮鲜等。

（1）新红星（图1-13）　果实圆锥形，果顶五棱突出，单果重约180 g；底色黄绿、全面浓红，色相片红，着色均匀、色泽浓艳；果面富有光泽，蜡质较多，果点小、少，果皮厚韧；果肉绿白色，果实肉质脆硬，贮后果肉为乳白色，风味酸甜，香气浓，可溶性固形物含量11%左右，品质上乘。河北北部于9月中旬成熟，辽宁9月末成熟。不耐贮藏，在室温下贮存1个多月果肉即开始沙化。

（2）首红（图1-14）果实圆锥形，单果重180 g左右，果顶五棱明显；底色黄绿或绿黄，全面浓红并有隐显条纹；果皮厚韧，果肉乳白色，肉质细脆，汁多，风味酸甜，浓香，可溶性固形物含量13%左右，品质上乘。9月中下旬成熟。

图1-13 新红星

图1-14 首红

9. 金冠（图1-15）

金冠又名金帅、黄香蕉、黄元帅等。原产地为美国弗吉尼亚州，在谬林斯（A. H. Mullins）园中发现，系偶然实生苗，在1916年开始栽培。20世纪50年代以后，栽培面积迅速扩大，遍及世界各苹果产区。我国各苹果产地均有栽培。果实圆锥形，顶部微有5条隆起，平均单果重200 g左右，大者可达300 g以上。果梗细、长。果面黄绿色，完熟后黄色，阳面微现淡红色晕。果皮稍粗糙，果粉薄，在贮藏中易皱皮。果点明显，中大而密，形不规则，黄褐色。果肉淡黄色，果实肉质致密、脆，果汁中多，酸甜适口，有芳香，贮藏到11月以后风

图1-15 金冠

味最佳。可溶性固性物含量15%，品质上乘。果实发育期158 d左右，9月下旬开始成熟，10月上旬达成熟盛期，可贮藏至翌年5月。

10. 华冠（图1–16）

中国农科院郑州果树研究所于20世纪70年代用金冠 × 富士杂交育成，1988年选出，1990年定名发表，先后通过河南省、山东省品种审定。在河南西部及黄河故道地区栽植较多，陕西中东部、山西中南部等地试栽规模正在迅速扩大，是我国近年自育品种在生产上栽培仅次于秦冠的一个中熟优良品种，得到国内外果树育种专家的较高评价。在国内外果品市场试销反映好，售价高，发展潜力大。果实近圆形或圆锥形，果实个中大，平均单果重180 g，最大单果重400 g。底色黄绿，着鲜红条纹，套袋后全面艳红，光滑无锈，外观美丽果肉黄白色，致密，脆而多汁，甜酸可口，风味浓，品质上乘。9月中下旬成熟，耐贮藏，普通果库可贮至翌年5月，仍保持肉质松脆，但贮后果实有异香味。

11. 岳阳红（图1–17）

辽宁省果树科学研究所以富士为母本、东光为父本杂交育成的苹果中晚熟品种。2008年推广，辽宁省非主要农作物品种备案。果实近圆形，平均单果重205 g，最大单果重245 g，果面鲜红色；果肉淡黄色，肉质中粗、松脆，汁液多，风味甜酸，微香，去皮硬度10.10 kg/cm^2，可溶性固形物含量15.22%，总糖含量12.54%，总酸含量0.49%，维生素C含量53.52 mg/kg，冷藏可贮至翌年5月。在辽宁省营口市，果实9月下旬成熟。

五、晚熟苹果的优良品种有哪些?

1. 乔纳金及其芽变系

美国纽约洲农业试验站于1943年用金冠 × 红玉杂交育成，1953年入选，1968年发表。因该品种适应性强，优质、丰产，先在美国推广，欧洲许多国家及日本相继引入栽培，并在一些国家成为重要的栽培品种。1979—1981年我国从日本、荷兰和比利时相继引入河北昌黎、陕西旬邑试栽成功，加之日本和比利时相继选出了浓红系芽变新乔纳金等新品系，进一步促进了该品种在世界各地的发展。正是因为该品种美丽的商品外观和浓郁的风味，对我们开拓欧美鲜果、果汁市场将起到积极的作用，在国内它将成为一个重点发展的鲜食和加工兼用品种。

乔纳金（图1-18） 果实圆锥形，个大，整齐度高，平均单果重200 g，最大单果重280 g以上。果面光洁，无锈，蜡质多，油亮，果点小，外观美；果皮较厚韧，稍脆，果皮底色黄绿，全面着橙红色及浓红条纹。果肉浅黄色，肉质稍粗、松脆、汁多，酸甜适度，芳香味浓，果实去皮硬度7.3 kg/cm^2，可溶性固形物含量14.6%。西北地区于10月上旬成熟，辽宁10月中旬成熟，较耐贮藏，普通果库可贮藏至翌年2月，贮藏期间果面易返糖，但不影响食用。

2. 寒富（图1-19）

沈阳农业大学用东光 × 富士杂交育成，该品种1997年通过品种审定，具有明显的短枝型特征，综合性状优良。树体抗寒性明显超过国光，可以在过去划定的“优质大苹果冻害频繁区”安全越冬，正常开花结果。实践证明，该新品种的育成，已使优质大苹果适宜栽植范围北移200 km。目前已引种到辽宁、

图1–18 乔纳金

图1–19 寒富

吉林、黑龙江、内蒙古、河北、山西、陕西、甘肃、新疆等省（市、自治区）。果实短圆锥形，端正，属大果型，平均单果重250 g，最大单果重510 g。果形指数为0.855。底色黄绿，颜色片状鲜红，全面着色。果皮蜡质层中厚，少果粉，光亮，果点小、少、无晕圈，木栓点突起。果梗短、粗；梗洼狭、深，萼洼宽而深。果心小。果肉淡黄，肉质酥脆，多汁，酸甜味浓，有香气，品质上乘。可溶性固形物含量15.2%，全糖含量12.01%，可滴定酸含量0.34%，每100 g果肉维生素C含量8.1 mg。10月中旬成熟（果实发育期135 d）。耐贮性极强，在普通土窖内可贮藏8个月，不皱皮，不变质。

3. 华红及其芽变系

华红由中国农业科学院果树研究所育成，亲本为金冠 × 惠。果实长圆形，果实个大，平均单果重200 g，最大单果重400 g。果皮底色黄绿，被鲜红色彩霞或全面鲜红色及不甚显著条纹，果面光滑，蜡质较厚，果点小，外观美丽。果肉淡黄色，肉质细脆，汁液多，味酸甜，香气浓，品质极佳。可溶性固形物含量15.1%，果实硬度6.04 kg/cm^2。果实较耐贮，在普通果窖内可贮藏至翌年5月上中旬。在辽宁省兴城10月上中旬成熟。抗寒、抗旱、抗早期落叶病能力均较强，适应性广。

华红2号（图1-20） 华红2号是华红苹果的芽变新品种。平均单果重320 g，果实圆锥形，果形指数0.92，果点小；果面底色黄绿色，盖色鲜红色，光照良好条件下可全面着红色。果肉淡黄色，肉质松脆多汁，酸甜适度，去皮硬度6.8 kg/cm^2，可溶性固形物含量15.3%。在辽宁省兴城果实10月中旬成熟，冷库中可贮藏5个月。华红2号抗逆性与华红相似，对环境适应性强，适宜在金冠栽培区域种植。对苹果枝干轮纹病、苹果树腐烂病、苹果早期落叶病有较强抗性，未发现严重病虫害发生。

图1-20　华红2号

4. 富士系品种

日本农林水产省园艺试验场盛冈分场育成。1939年用国光 × 元帅杂交育成，1958年发表，1962年正式命名为“富士”。1968年开始在日本推广，后成为主栽品种，在欧、美也有广泛栽培。我国在1966年引入，富士系现已发展为我国苹果主栽品种。

1966年长野县佐原氏果园首先发现了富士的着色系枝变，之后在各地相继选出了着色系和短枝型枝芽变，即青森县苹果试验场提出的青富1、青富2等。长野县果树试验场提出的长富1、长富2等。至目前日本已选出160多个富士着色枝芽变品系，其中70多个品系表现好。到1990年富士栽培面积、产量占日本苹果的一半左右。目前，红富士已成为世界上发展最快的苹果优良品种，成为世界苹果的首要品种。1980春，我国农牧渔业部从日本直接引入了长富2、长富6、秋富1三个着色优系。

我国山东省烟台市从长富2号中又选出了着色早而迅速、色泽浓红艳丽、片红的烟富1号和烟富2号；从惠民短枝红富士中选出了易着色、色泽浓红的短枝型烟富6号，并且发展很快。生产上对富士的着色系通常统称红富士（图1-21）。到目前，全国红富士栽培面积约占苹果栽培总面积的一半，成为世界红富士苹果第一大生产国。

（1）望山红（图1-22） 1993年发现的长富2早熟、浓红型芽变。果实圆锥形，平均单果重260 g。果形指数0.87。果面底色黄绿，着鲜红色条纹，果肉淡黄色，肉质中粗、松脆，风味酸甜、爽口，果汁多，微香，品质上乘。可溶性固形物含量15.3%，去皮硬度9.2 kg/cm^2。总糖含量12.1%，总酸含量0.38%，每100 g果肉维生素C含量为8.35 mg。果实10月上中旬成熟，比长富2早10～20 d。在冷藏条件下，贮藏至翌年6月份，果实外观品质及内在品质的各项主要指标均无明显变化。

（2）宫崎短富 果实圆锥形，果形指数0.9，个头较大，平均单果重213.5 g，最大单果重405 g。果皮光滑，较薄，果面有较规则圆形黄褐色斑点；果肉黄白色，细脆，致密，汁中等，味酸甜，有香气，果实去皮硬度

图1-21　红富士

图1-22　望山红

10.6 kg/cm^2，可溶性固形物含量15.4%。10月中、下旬成熟，普通果库可贮藏至翌年5月份。

5. 秦冠

陕西省果树研究所1957年用金冠 × 鸡冠杂交育成，1970年被命名为秦冠开始推广，曾是陕西乃至西北地区苹果晚熟主栽品种，到20世纪90年代后期因大量发展红富士而面积减少，但在西北地区、较高海拔（1 300 m左右）适生区，技术管理水平较低的地区，仍作为晚熟主栽品种之一保留和发展。果实短圆锥形，果形整齐，果个较大，平均单果重230 g，最大单果重400 g以上。果皮底色黄绿，阳面深红色，有断续红条纹；果皮厚，果点大、明显；果肉黄白色，质粗、松脆、果汁中多，甜酸适口。成熟期采食时，果肉韧硬，淀粉味浓，但经一定时期贮藏后，风味变佳，有芳香味，品质中上。果实去皮硬度9.8 kg/cm^2；可溶性固形物含量13.5%。10月中下旬成熟，耐贮运，普通果库可贮藏到翌年4—5月份仍不皱皮。

6. 国光（图 1–23）

国光果实扁圆形或扁圆锥形。果实中大，单果重140～150 g，最大单果重240 g。果柄中粗，稍长，大部梗洼有片状锈，可达果肩。果面光亮，果皮稍滑，厚而韧，果粉多，果点明显。果面底色黄绿色，被有暗红色彩霞和粗细不均的断续条纹。在山地条件下，往往着色鲜艳，颇美观。果肉黄白色，肉质细脆，汁多，可溶性固形物含量15%左右，含酸量0.54%，味酸甜可口，品质优良。在渤海湾地区，果实的成熟期为10月中下旬。果实耐贮运，在普通半地下窖可贮藏至翌年3—4月份。授粉品种多选择金冠系、元帅系、红玉、青香蕉等。抗风力强，不易落果。耐瘠薄，耐干旱，抗寒力强于富士。同时由于其较高的含糖量、含酸量，是果品加工的上等原料，发展前景广阔。

图1–23 国光

7. 粉红女士（图 1–24）

又称粉红佳人，是澳大利亚用威廉女士（walliams lady）× 金冠于1973年杂交育成，1979年选出，1985年正式发表，因其果实有着美丽的粉红色而得名。目前已成为澳大利亚推广的更新换代品种，美国、智利、新西兰等国都已进行试栽。陕西省果树研究所于1995年引入。2003年已通过陕西省品种审定，并确定为极晚熟新优品种在海拔较低适生区适量发展。果实近长圆形，高桩，果形指数0.96；果个中大，平均单果重200 g左右。果面艳丽洁净，无锈；果皮底色绿黄，着色全面粉红或鲜红，果肉乳白色，硬脆，汁较多，酸甜适度，香味浓郁，品质中上。果实去皮硬度9.16 kg/cm^2，可溶性固形物含量16.65%，含酸量0.65%，果实商品性好。鲜食、加工兼用品种。陕西渭北11月上旬成熟，较红富士晚10～15 d。果实耐日灼，病害少，极耐贮藏，普通果库可贮藏至翌年5月底，果实仍保持酸甜爽口。

图1-24　粉红女士

8. 瑞香红（图1-25）

以秦富1号为母本，粉红女士（高华等，2005）为父本杂交选育而成。2002年杂交，2003年播种，获实生苗1 294株。2005年春剪取实生苗接穗嫁接在M26自根砧上，定植于西北农林科技大学白水苹果试验站育种圃。2008年开始结果，定为初选优系，编号为5B1-59。对其生长习性和果实性状等连续5年进行观察，2012年定为决选优系。2013—2019年在渭南市白水县、富平县、咸阳市旬邑县进行区域栽培试验，代号为浓果25。2020年1月通过陕西省林木品种审定委员会审定并命名。果实长圆柱形，果形端正，高桩，果形

图1-25　瑞香红

指数0.97。果实大小中等、整齐，平均单果重197.3 g。果实底色黄绿，盖色鲜红，全面着色；果皮光滑，有光泽，果点小，果个中等；蜡质少，果粉薄。果梗长，梗洼深。果肉黄白色，肉质细脆，汁液多，风味酸甜，香味浓郁，品质佳。可溶性固形物含量16.3%，可滴定酸含量0.29%，维生素C含量55.3 mg/kg。果实硬度8.24 kg/cm^2。在渭北中部地区，3月中旬萌芽，4月上旬开花，10月下旬成熟，果实发育期为185 d。果实商品率可达90%以上，极耐贮藏。

第二章

Chapter 2

标准化苹果园的建立

一、苹果对环境条件有哪些要求？

适宜的产地环境条件是生产无公害苹果的基础和根本保证。根据农业部2006年颁布的农业行业标准《无公害食品　林果类产品产地环境条件》（NY 5013—2006），无公害苹果的产地环境质量标准包括大气环境质量标准、土壤环境质量标准和灌溉水质量标准，现分别介绍如下。

1. 大气环境质量标准

无公害苹果产地应选择在生态条件良好，远离污染源，并具有可持续生产能力的农业生产区域。

无公害苹果产地环境空气质量包括总悬浮颗粒物、二氧化硫、二氧化氮和氟化物4项技术指标。按标准状态计，上述污染物的浓度应符合表2-1的规定。

表 2-1　空气中各项污染物的浓度限值

污染物名称	取值时间	浓度限值
总悬浮颗粒物（标准状态）　≤	日平均 1 h 平均	0.30 mg/m³ —
二氧化硫（标准状态）　≤	日平均 1 h 平均	0.15 mg/m³ 0.50 mg/m³
二氧化氮（标准状态）　≤	日平均 1 h 平均	0.12 mg/m³ 0.24 mg/m³
氟化物（标准状态）　≤	日平均 1 h 平均	7 μg/m³ 20 μg/m³

注：1. 总悬浮颗粒物（TSP）：指能悬浮在空气中，空气动力学当量直径≤100 μm 的颗粒物。
2. 氟化物（以 F 计）：以气态及颗粒态形式存在的无机氟化物。
3. 日平均：指任何一日的平均浓度。
4. 1 h 平均：指任何 1 h 的平均浓度。

2. 土壤环境质量标准

无公害苹果的产地土壤环境质量包括镉、总汞、总砷、铅、铬含量5项技术指标，除砷为类金属元素外，余者均为重金属元素。各污染物对应不同土壤pH有不同的含量限值。无公害苹果产地土壤环境质量应符合表2-2的规定。

表 2-2 土壤中各项污染物的含量限值

项目		含量限值 /（mg/kg）		
		pH＜6.5	pH 6.5～7.5	pH＞7.5
镉	≤	0.30	0.30	0.60
总汞	≤	0.30	0.50	1.00
总砷	≤	40	30	25
铅	≤	250	300	350
铬	≤	150	200	250

注：重金属（铬主要为三价）和砷均按元素量计，适用于阳离子交换量＞5 厘摩正电荷 /kg 的土样，若≤5 厘摩正电荷 /kg，其标准值为表内数值的半数。

3. 灌溉水质量标准

无公害苹果产地农田灌溉水质量包括pH、化学需氧量、总汞、总镉、总砷、总铅、铬、氟化物、氰化物和石油类10项技术指标。农田灌溉水各项技术指标应符合表2-3的规定。

表 2-3 农田灌溉水中各项污染物的浓度限值

项目		浓度限值 /（mg/L）
pH		5.5～8.5
化学需氧量	≤	150
总汞	≤	0.001
总镉	≤	0.005
总砷	≤	0.10
总铅	≤	0.10
铬（六价）	≤	0.10
氟化物	≤	3.0
氰化物	≤	0.50
石油类	≤	10

二、选择苹果园园址时要考虑哪些因素？

1. 果园生态条件

果园生态条件包括气候条件、土壤条件、地形条件和生物条件。其中温度、光照、水分、土壤、空气等是直接生态因子，是决定果树生存及质量的关键因素。海拔高度、坡度、坡向等因子是间接生态因子，它通过直接生态因子影响果树生长发育。

果园选址的关键生态条件是以温度为主导，由温度、光照、水分组成的农业气候条件。选址时，既要考虑某一因素极端值对果树耐受力的作用，也要考虑该因素累积值对果树生长发育的影响，更要考虑多因素综合作用对果树的影响。以温度条件为例，年平均温度是其适宜栽培的一般区域，而冬季最低温度及持续时间决定其能否安全越冬，生长季积温决定产量和品质。果树生产上通常采取综合农业气候条件来划定某种果树的最适宜栽培区和适宜栽培区。我国苹果生产主要集中在渤海湾、黄土高原、黄河故道和西南冷凉高地等四大产区。其主要气候指标见表2-4。

表 2-4　苹果生态最适宜指标

产区名称		主要指标				辅助指标		
		年均温/℃	年降雨/mm	1月中旬均温/℃	年极端最低温/℃	夏季均温（6～8月）/℃	>35 ℃天数	夏季平均最低气温/℃
最适宜区		8～12	560～750	>-14	>-27	19～23	<6	15～18
黄土高原区		8～12	490～660	-1～-8	-16～-26	19～23	<6	15～18
渤海湾区	近海区	9～12	580～840	-2～-10	-13～-24	22～24	0～3	19～21
	内陆区	12～13	580～740	-3～-15	-18～-27	25～26	10～18	20～21
黄河故道区		14～15	640～940	-2～2	-15～-23	26～27	10～25	21～23
西南冷凉高地		11～15	750～1 100	0～7	-5～-13	19～21	0	15～17

2. 园地类型

海拔高度、坡度、坡向等间接生态因子的综合作用，加上土壤条件形成果树生产上各具特色的果园类型。常见的园地类型有丘陵、山地果园、一般平地果园、沙滩地及盐碱地果园等。

（1）丘陵、山地果园（图2-1） 丘陵、山地光照充足，昼夜温差较大，通风排水良好，具备生产优质果品的独特优点，而且在此建园有改善生态环境，保持水土流失的作用。但丘陵、山地地势起伏较大，土壤厚薄不一，且养分含量较低。建园时，一要选择山麓地带和相对海拔在200～500 m的丘陵地带；二要充分利用丘陵地区的小气候区域；三要考虑坡向和坡形的作用。通常南坡向阳，光照充足，温度较高，昼夜温差大，土壤干燥，果树表现物候期早、产量高、品质好。但往往容易发生干旱及日烧。北坡与南坡相反，东坡与西坡的优缺点介于南坡与北坡之间。

（2）平地果园（图2-2） 地势开阔、地面平整、土层深厚、肥水充足，便于机械化管理和交通运输，果树发育健壮，树体高大，产量较高，果实色泽、风味、耐贮性均可。但树势偏旺，结果稍迟，应注意前期树势控制。选择园址时，一定要避开地下水位高的地段。适于建设矮砧密植果园。

（3）沙荒地、盐碱地果园 沙荒地、滨湖滨海地在我国有较大面积分布，可选择部分宜林宜果地带，有针对性地采取措施改良土壤，提高肥力，正确设置排灌系统。

（4）寒地果园 大苹果生产区以北的区域、三北地区为寒地苹果分布区。该区果树冻害多表现为非林区重于林区、平地重于山地、山下重于山上，因此寒地果树要上山，园址应选择在透气良好、排水通畅、土层深厚、有机质含量

图2-1　山地果园

图2-2　平地果园

高的山腰或高岗地带。

不管是上述哪种类型，对园地选择的具体要求均是土层深厚，土质良好，土壤疏松肥沃，水土流失少，管理方便，环境质量符合无公害或绿色果品生产要求。实践证明，在地势平坦或坡度小于5°的缓坡地带建园最适合。

另外，选址建园应当尽量避开果园重茬地。由于苹果树是多年生植物，长期吸收土壤中的养分，造成根系分布范围内土壤盐类的积累，使土壤肥力下降，土壤有害物质比较多，使重茬果树生长结果受到严重影响，有关内容可参考表2-5。因此，重茬地建园必须进行彻底土壤改良。一般采取连续2～3年种植其他作物，尤以豆科作物或绿肥为好，秸秆粉碎翻入土中，可恢复土壤肥力。也可采取全园土壤消毒或深翻晾晒、换土等方法降低重茬的影响。

表2-5　前茬果树对后茬苹果树生长量的抑制程度

前作／后作	无花果	桃	梨	苹果	葡萄	柑橘	核桃
苹果	7	2	4	1	6	8	5

注：摘自《中国农业百科全书果树卷》1993；生长量最小为1，最大为8。

3. 环境条件

选择无污染的产地环境条件是生产无公害果品的基础，根据无公害果品产地环境条件标准及国家GB/T 18407.2—2001《农产品安全质量　无公害水果产地环境要求》，果园环境标准主要包括空气环境质量、农田灌溉水质量和土壤环境质量三方面内容。

（1）空气环境质量　空气中的污染物主要有二氧化硫、氟化氢、臭氧、氮化物、氯气、碳氢化合物等。国家标准要求总悬浮颗粒物（TSP）、二氧化硫（SO_2）、二氧化氮（NO_2）、氟化物（F）等4种污染物在产地空气中的浓度不得超过规定限值。

建园时要远离化工、冶金、制造业等工业区，如硫酸厂、化肥厂、钢铁厂、发电厂、冶炼厂、搪瓷厂、玻璃厂、铝厂、造纸厂、水泥厂以及工矿企业密集能大量产生烟尘的地方，交通主干道周边。

（2）农田灌溉水质量　果园灌溉用水包括江河、湖泊、水库、井水、工业废水、城市生活污水等。随着我国工业尤其是乡镇企业的迅速发展，城镇人口的增加，工业废水和生活污水的大量排放，已经超过了环境容量和水体的自净能力，污染物种类迅速增多。用被污染的水灌溉果园，会对果树造成严重危害。一般井水污染较轻，但应注意重金属元素含量是否超标。工业废水和生活污水必须经净化处理才能浇灌果树。所以，选择园地必须对灌溉水源进行检测，国家标准要求各种污染物的浓度不得超过规定限值。

（3）土壤环境质量　果树的生长离不开土壤，土壤环境质量直接关系到树体发育和果品安全，因此，在建园前要严格检测土壤，国家标准要求土壤中类金属元素砷和重金属元素镉、汞、铅、铬、铜等6种污染物的浓度不得超过规定限值。同时在建园后的果树生产过程中必须注意安全使用农药，推广配方施肥、平衡施肥，防止对土壤造成新的污染。

三、对不良土壤应如何进行改良?

土壤是苹果栽培的物质基础，水、肥、气、热四大要素的相互协调，是生产精品苹果的前提和基础。苹果树生长所需的水分、矿质营养主要通过根系从土壤中吸收。苹果树对土壤适应性较强，一般平地、山地、丘陵、沙荒和盐碱地皆可栽培苹果树。在土层深厚，排水良好，有机质含量充足，微酸到中性，通气良好的砂壤土或轻壤土中生长最为适宜。因此在建园前要选择适宜的土壤并进行有效地改土措施，为果树生长创造良好条件。

1. 改良土层深度

苹果属于深根性树种。土层深厚有利于根系生长，使地上部要求的水分和养料得到满足，从而使树势健壮、产量高。通常苹果树活土层深度应达到0.8～1 m，地下水位深度不小于1 m。土层浅薄或深层有未风化的岩石层，影响根系伸展，造成树势弱、产量低。如果土层深度不够，可以通过深翻、施肥、换土、放树窝子等措施改良土壤。

2. 改良土壤质地

土壤的空气含氧量对根系影响较大。空气含氧达到10%以上时，苹果才能正常生长；达到12%以上，才有新根发生；在10%以下时，根系生长受到抑制。在沙壤土或轻壤土果园中，土壤通气良好，根系红褐色，根毛多而长，通气不良则色暗，根毛短而少。黏重土壤通气性差，不但根的生长和吸收功能停止，而且会使果树处于饥饿状态，甚至全株死亡。一般果园要求有相当于15%的非毛细管孔隙为理想的通气条件。对于山地果树如下层为半风化母岩、横生岩板、黏土层、白干土等，都不利于果树根系发育；对于建在山麓冲积平原、海滩沙地、河道沙滩、表土下有砾石或砾砂层的果园，同样会给苹果树造成不同程度的影响。建园时需重视换土改良。

苹果园土壤需要较高的有机质含量，一般在3%以上为好，至少要达到1.2%。山薄地和沙地等有机质含量低的果园应注意增加有机质。

3. 改良土壤pH

苹果喜微酸到中性土壤（pH 5.5～6.7）。偏酸（pH在4以下）则生长不良；偏碱（pH在7.8以上）常发生严重失绿症，因为在碱性土壤中，铁、锌、硼、锰等营养元素的可给量下降。不同砧木的适应性也不同，海棠砧木抗碱，而山定子在碱性土壤中则发生黄叶病。据河北省清河农场调查，土壤中总盐量在0.13%～0.16%，苹果树生长正常，达到0.28%以上则受害严重。在盐碱地建园要注意采取排盐措施，降低含盐量，以保证苹果树的正常生长。常用方法是挖排盐沟、修筑台田、深翻压碱等。具体改良措施如下。

（1）山地瘠薄土壤的改良　山地果园活土层一般较浅，土质较粗，有机质含量低，这类土壤保水保肥能力差，水分、养分供应不平衡。解决方法为在2～3年内完成深翻扩穴，打通定植穴之间的硬土墙，使全园的活土层达到60 cm以上。若土质太粗，最好在深翻的同时，从园外搬运一些黏土，混合客土改良土壤质地。同时，通过连年增施有机肥或树盘覆草等措施，逐步提高土壤有机质含量，形成良好的团粒结构。

（2）沙滩土壤的改良 沙滩土壤通常质地粗，黏粒含量少，易漏水、漏肥。雨季时地下水位往往过高，影响根系发育和树体的正常生长。可通过客土的办法，在沙土中掺合黏土，改良土壤质地，并挖好主副排水沟，做好雨季排涝。同时，在果树行间种植白三叶草（图2-3）或黑麦草，每年刈割2～4次，覆到树盘上，逐步提高土壤有机质含量，改良土壤结构。此外，增施有机肥、树盘覆草都是比较好的技术措施。

图2-3　白三叶草

（3）黏重土壤的改良 黏重土壤，透气性差，雨季易涝，果树根系病害发生较多。应通过压沙方法进行改良，一年压沙5～10 cm，累计压沙15 cm，每年压后翻刨。

四、苹果重茬后会有哪些不良后果？

1. 根系分泌物的影响

苹果在生长过程中会向土壤中分泌一些有毒有害的物质，这些物质会影响甚至毒害新植树根系的生长。

2. 土壤养分不均衡

苹果生长中对N、P、K、Ca以及微量元素的大量吸收会造成土壤中一些元素的供应不足，使果树出现缺素症、生理性病害等。

3. 病原微生物增多

果树烂根、根系线虫（未腐熟的鸡粪中）较多。

4. 有益菌群减少

施肥不合理，不用或少用有机肥，土壤酸化，有益菌群少；土壤板结不通气会导致一部分有益菌死亡。

5. 对土壤通透性的影响

土壤通气不良，排水不好。

五、如何进行苹果园地的规划？

果园建立质量的好坏，是果树能否早结果、早丰产的基础，关系到整个果园的长期效益。进行科学的果园设计与栽植，是果业生产现代化、商品化和集约化栽培的首要任务和重要工作。建园地块确定后，要根据果园任务及当地具体情况，本着合理利用土地，便于管理的原则，全面考虑，统筹安排，精心设计，以达到最大限度地利用有利条件，克服不利因素，充分发挥土地、果树生产潜力，提高劳动生产效益，降低成本的目的（图2-4）。百亩以上规模的果园，设计前要测量园地地形。最好绘出1：1000或1：2000的地形图。并对园地的土壤、小气候等自然条件进行详尽地调查了解，综合分析，然后着手具体设计。百亩以下规模的果园也要进行详细的地形考察，以便合理设计。在集中连片建园，农户分散经营的情况下，同样要求整体设计，统一规划。

果园规划要优先保证生产用地。用地比例为：果园85%～90%；防护林5%～10%；道路3%；办公、生产、生活用房屋、蓄水池等2%。

1. 小区规划

平地果园条件较为一致，小区面积以4～8 hm^2为宜；丘陵、山地果园地形复杂，土壤、坡度、光照等差异较大，耕作管理不便，小区面积1～2 hm^2即可。平地小区最好南北向，这样能够使果园获得较好的光照。

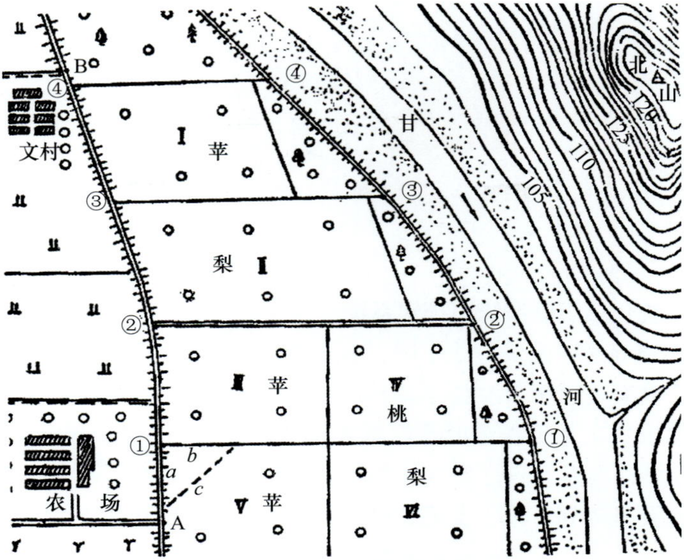

图2–4　果园设计示意图

小区形状以长方形为好，便于机械化作业，长边与短边比例为（2∶1）～（5∶1）。平原地区小区的长边与当地主风方向垂直，以增强抗风能力；山地果园小区的形状以汽车或大型拖拉机可对开为宜；山地果园的干路以可以环状为宜，小区长边与等高线平行，这样可以保证小区内气候和土壤条件的基本一致，减少田间管理时往返次数，便于修整梯田和保持水土。

2. 道路规划

果园的道路主要有干路、支路、小路三级组成，以减轻劳动强度，提高工作效率。在合理便捷的前提下尽量缩短距离，以减少用地，降低投资。面积在 8 hm^2 以上的果园，应设置干路、支路和小路。

（1）干路　外与附近公路相接，内与办公区、生活区、贮藏转运场所相连，并尽可能贯通全园。路面宽6～8 m，可环山而上或呈“之”字形，坡度不易超过7°，转弯半径不能小于10 m。

（2）支路　主要生产路，连接干路和小路，贯穿于各小区之间，与干路垂直，路面宽4～5 m，便于耕作机具或机动车通行；山地果园的支路可沿坡修筑。

（3）小路　多为小区内的作业道，路面宽1～3 m；山地果园的小路可顺坡修筑，多修在分水线（田埂）上，以能够通行小型拖拉机为宜。

重要提示

在路的内侧修排水沟，并使路面稍向内倾斜，保证行车安全，减少冲刷，保护路面。

3. 排灌系统规划

排灌系统包括灌溉系统与排水系统。

（1）灌溉系统 灌溉方式不同，灌溉系统组成也不同。灌溉方式有地面灌溉、沟灌、喷灌、滴灌和渗灌等。不同的灌溉方式其设计要求、占用土地、节水功能、灌溉效应及工程造价等方面差异很大，规划时应根据具体情况确定。苹果生产中多以沟灌、滴管为主。蓄水池建于山顶（图2-5）。

沟灌主要是规划干渠、支渠。渠道的深浅与宽窄应根据水的流量而定，渠道的分布应与道路、防护林等规划结合，使路、渠、林配套。在有利灌溉的前提下，尽可能缩短干渠长度。渠道应保持0.1%～0.3%的比降，并设立在高处，以便引水灌溉。山地果园的干渠应沿等高线设在上坡，落差大的地方要设跌水槽，以免冲坏渠体。渠道最好用混凝土或石材修筑。当前，生产上推广节水灌

图2-5 蓄水池（花果飘香）

图2-6 滴灌

溉方式之一是在树冠投影的外缘顺行向或灌水方向挖宽、深分别为30～40 cm的灌水沟。

滴灌系统包括首部枢纽（水泵、过滤器、混肥装置等）、输水管网（干管、支管、分支管、毛管）和滴头。干管直经80 mm，支管直经40 mm，分支管细于支管，毛管10 mm左右。在毛管上每隔70 cm左右安装一滴头。分支管按树行排列，毛管环绕树冠外缘一周，见图2-6。

（2）排水系统 对地势低洼，土壤渗水性不良，临近江河湖海溢水地区等易产生大量地表径流的山地与丘陵地都要设置排水系统。依据果园类型不同，分平地果园排水系统与山地果园排水系统。

① 平地果园排水系统，主要有明沟排水与暗沟排水。明沟排水系统主要由贯穿园内的排水干沟、小区间的排水支沟和小区内的集水沟组成。集水沟与果树行向一致。各级排水沟相互连接，干沟的末端有出水口，便于将水顺利排出园外。一般小区内的排水小沟深0.5～0.8 m；排水支沟深1 m左右；排水干沟深1.2～1.5 m，使地下水位降到1 m以下。盐碱地果园为防止土壤返盐，各级排水沟应适当加深。

暗沟排水是在地下埋设瓦管管道或石砾、竹筒、秸秆等其他材料构成排水系统。此法不占地面，不影响耕作，唯造价较高。暗沟设置的深度、沟距与土壤的关系见表2-6。

表 2-6　暗沟深度和沟距与土壤的关系

土壤	沼泽土	砂壤土	黏壤土	黏土
暗沟深度 /m	1.25～1.5	1.1～1.8	1.1～1.5	1.0～1.2
暗沟间距 /m	15～30	15～35	10～25	8～12

注：摘自《中国果树栽培学》。

②山地果园排水系统，由等高沟、总排水沟和拦洪沟组成，主要考虑排除山洪。拦洪沟是在果园上方沿等高线设置的一条较深的沟。将上部下来的洪水拦截并导入排水沟或蓄水池中，以保护果园免遭冲毁。拦洪沟的规格应根据果园上部集水面积和最大强度降水流量而定，一般宽度和深度为1～1.5 m，比降0.3%～0.5%。并在适当的位置修建蓄水池，使排水与蓄水结合进行。排水沟设在梯田的内沿（图2-7、图2-8），比降与梯田的纵向比降一致，保持在0.3%～0.5%，沟宽30～40 cm，深20～30 cm。总排水沟应设在集水线上，与等高线相交，汇集梯田排水沟排出的水而排出园外。总排水沟的宽度50～80 cm，深度80～100 cm。

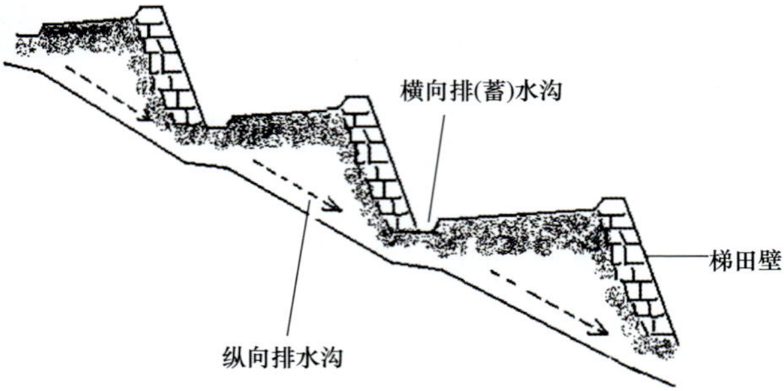

图2-7　梯田排水示意图

4. 防护林规划

无论何种果园，都应建立防护林（图2-9）。目的在于改善果园的生态环境条件，保护果树正常的生长发育。防护林能降低风速、减少风害；调节温度、增加湿度；保持水土，减少冲刷（盐碱地、沙荒地、山坡地效果更加明显）。还可以提供蜜源、肥源、编条等林副产品，增加果园收入。

依据林带的结构，防护林可分为紧密型的不透风林带和疏松型的透风林带。紧密型的不透风林带一般由高大乔木、中等乔木和灌木组成，上下密闭，气流不易从林带穿过；疏松的透风林带由一层高大乔木和一层灌木组成，气流可从林带穿过，但大大降低了风速。

在平地设置疏松型的透风林带可使20～25倍树高距离内的风速降低一半。虽然它的局部防风效果不如紧密型的不透风林带，但可缓解冷空气下沉，防风的范围广。在山谷、坡地上部设置的紧密型的不透风林带，在迎风面形成高气压，迫使气流上升，跨过林带的上部后，迅速下降恢复原来的速度，因而在防护范围内的防风效果显著。而在坡下部设置疏松型的透风林带，可及时排除冷空气，防止霜冻为害。

图2-8　山地排水沟

图2-9　防护林

防护林树种的选择要求适应当地环境条件，生长迅速，枝叶繁茂，抗逆性强，与苹果无共同病虫害，也不是中间寄主，具有较高的经济价值。常用乔木树种可选杨、柳、榆、樟、刺槐、椿、泡桐、女贞、板栗、黑枣、核桃、银杏、枳壳、蔷薇、山楂、枣、杏、柿、山定子、杜梨和桑等；灌木树种可选紫穗槐、酸枣、枸杞、柽柳、毛樱桃等。

营造防护林时，不同类型的果园营造方法不同。山地果园营造防护林除防风外，还有防止水土流失的作用。主林带一般由5～8行组成，风大地区可增至10行，最好是乔木与灌木混栽，与有害风方向垂直。主林带间距300～400 m，带内株距1～1.5 m，行距2～2.5 m。为了增强林带的防风效果，与主林带垂直营造副林带，预防其他方向的风害。由2～5行树组成，带间距300～600 m。为了避免坡地冷空气聚集，林带应留缺口，使冷空气能够下流。林带应与道路结合，并尽量利用分水岭和沟边营造。果园背风时，防护林设于分水岭；迎风时，设于果园下部；如果风来自果园两侧，可在自然沟两岸营造。平地、沙滩地果园，营造防护林主要是防风固沙。一般在果园四周栽2～4行高大乔木，迎风面设置一条较宽的主林带，通常由5～7行树组成。

5. 建筑物设置

包括办公室、包装场、机械库、工具室、配药池、库房等，设在果园的中心及交通方便处，尽量不占用好地。

六、苹果定植前的准备工作有哪些？

（一）土壤准备

1. 山地果园挖穴前施工

（1）水平梯田（图2-10） 水平梯田是山地果园水土保持的有效方法，它的作用是拦蓄降水、减少冲刷；便于耕作，易于灌溉；提高地力、促进增产；改善环境，减轻灾害。

在修筑水平梯田之前，要先进行等高测量。方法是：选一坡度适当的地方，由上而下拉一直线为基线，然后根据梯田要求的宽度，将基线分成若干段，并在各段的正中间打点为基点。以基点为起点，按一定的比降（一般为0.1%～0.3%）向左右延伸，测出一系列等高点，同一高度的等高点连成梯田面

图2–10　水平梯田

的中轴线。

梯田面的宽度要根据坡度和栽植行距设计。坡度小或栽植行距大，田面应宽些，反之，则可窄些。田面设计较窄时，修筑容易，用工量少，对土壤肥力破坏性小，但不耐旱，边埂和排水沟占地比例大，田面利用率低，不便于耕作管理。一般每台梯田只栽一行树时，梯田面宽度不应小于3 m，栽两行树的不应小于5 m。在条件许可的情况下，应尽量将田面拓宽，力争每一台面能栽两行以上的树，以充分利用土地，更好地发挥果树群体效应。坡度与阶壁、阶面的关系见表2-7。

修筑水平梯田方法见图2-11，第一步进行熟土剥离，将拟修梯田田面的原耕层土壤剥离，呈长条形堆积于田面中心线上，熟化土壤剥离深度视土壤肥力状况而定，一般30 cm左右；第二步生土筑埂，将梯埂下方的生土挖沟筑上埂，达到设计要求的高度并夯实，保持埂顶水平，弯度合理，可耕面等宽；第三步生土找平，把田面中心线上方的生土取出，填于下方田面，然后整平；第四步熟土还原，将堆积的原耕层熟土均匀铺于田面，梯田内侧留排水沟。

表 2-7　坡度与阶壁、阶面的关系

阶壁高度 /m		阶面宽度 /m				
		3	4	5	6	8
坡度	10°	0.5	0.7	0.9	1.0	1.4
	12°	0.6	0.9	1.1	1.3	1.7
	14°	0.7	1.0	1.2	1.5	1.9
	16°	0.9	1.1	1.4	1.7	
	18°	1.0	1.3	1.6	1.9	
	20°	1.1	1.3	1.8	2.1	
	22°	1.2	1.6	2.0		
	24°	1.3	1.8			
	26°	1.5	2.0			

注：摘自《中国农业百科全书果树卷》，1993。

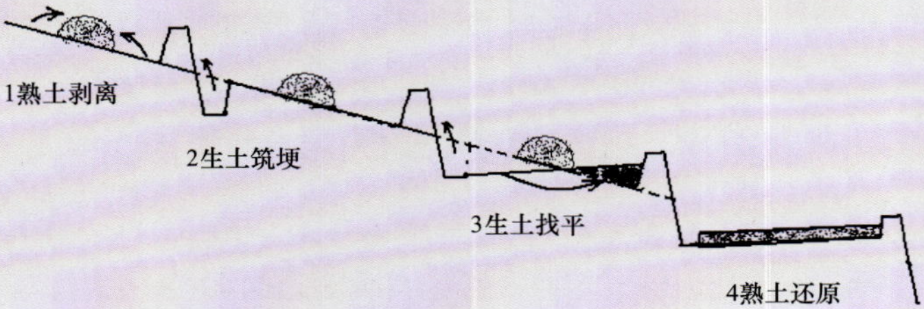

图2-11　水平梯田施工示意图

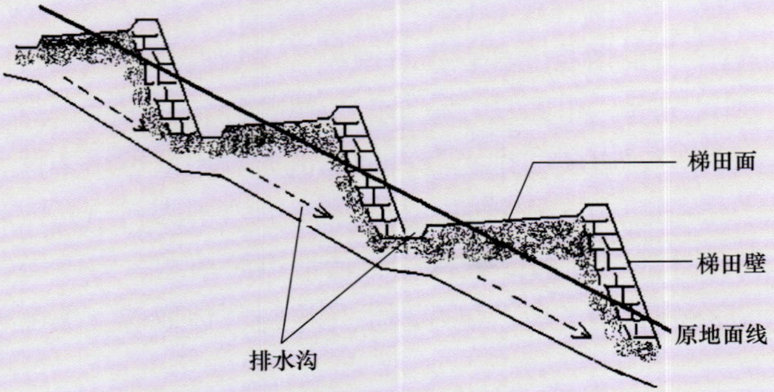

图2-12　梯田的构造

根据修筑梯壁所用材料不同，分为石壁梯田和土壁梯田两种。为了牢固，梯壁要稍向内倾斜，石壁一般与地面呈75°，见图2-12，土壁保持50°～60°为宜。

（2）等高撩壕　按等高线挖成等高沟，把挖出的土在沟外侧堆成土埂，这就是撩壕。再在壕的外侧栽植果树，这就叫撩壕栽植，见图2-13。这种栽植方式，也是山地果园水土保持的有效措施之一。此法能有效地控制地面径流，拦蓄雨水，当雨量过大时，壕沟又可以排水，防止土壤冲刷。撩壕能增加坡面土壤活土层厚度，有利于幼树生长发育。但撩壕后的果园地面不平，会给管理工作带来不便。另外，在坡度超过15°时，撩壕堆土困难，壕外侧土壤流失严重。因此，撩壕只适宜在坡度为6°～10°，且在土层深厚的平缓地带应用。壕间筑多道小等高垄，采用生草或间作覆盖，进一步拦截径流，防止冲刷。

图2-13 撩壕栽植

（3）鱼鳞坑 鱼鳞坑是山地果园采用的一种简易的水土保持工程，也可以起一定程度的水土保持作用。当山地陡坡，地形复杂，修水平梯田和等高撩壕都比较难时，可修鱼鳞坑来进行水土保持。鱼鳞坑是一种面积极小的单株台田，因其形似鱼鳞，故称“鱼鳞坑”，见图2-14。

修鱼鳞坑时，先按等高原则定点，确定基线和中轴线后，再在中轴线上按株距定出定植点，并以定植点为中心，由上部取土，修成外高内低的半月形小台田，台田外缘用土或石块堆砌，拦蓄雨水供果树吸收利用，见图2-15。

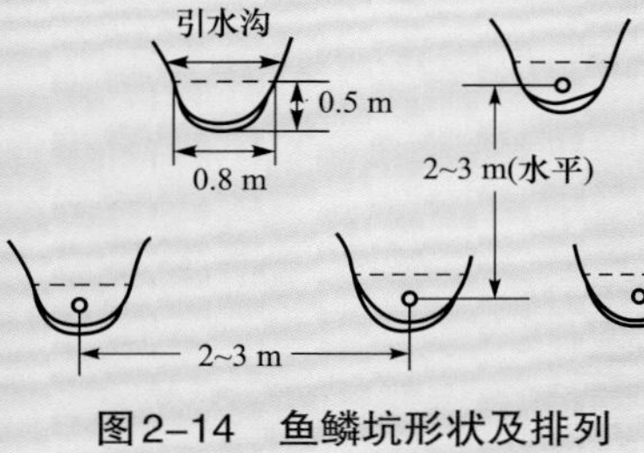

图2-14 鱼鳞坑形状及排列

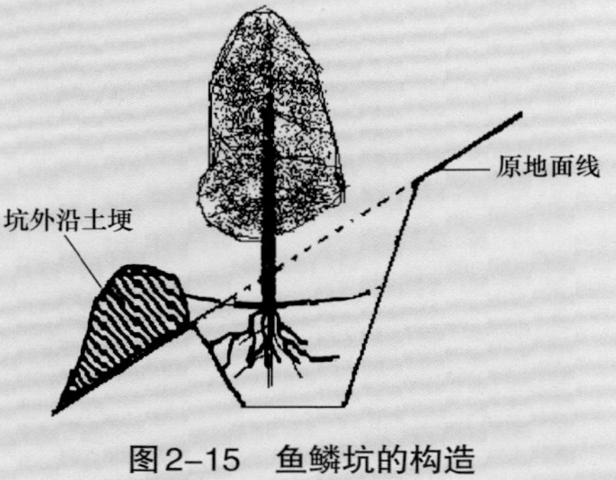

图2-15 鱼鳞坑的构造

2. 定植穴（沟）的施工

（1）定植点的确定 建园时，应确保树正行直。这样不仅园貌整齐，展示性强，而且利于通风透光，便于管理。因此，挖坑前必须按照设计好的株行距，测量放线，准确定出定植点。

① 平地穴栽。设计株距在3 m以上的果园，一般挖定植穴，定植穴以定植点为中心向外伸展，所以平地穴栽首先要确定定植点。具体操作是用皮尺在园地四角分别拉直角三角形（3 m、4 m、5 m），划出垂直的四边基线。在行向两端的基线上，标记出每一行的位置，接着在两条行距的基线上，按每行相对的两点拉绳，按设计株距量出定植点，用石灰标记，见图2-16，其余各行定点依此办法执行。

② 平地沟栽。设计株距在3 m以下的果园，一般挖定植沟，定植沟的宽度要求80～100 cm。具体操作是用皮尺在园地四角分别拉直角三角形，划出垂直的四边基线。在行向两端的基线上，标记出每一行的位置，接着在每行端点的两侧各延长40～50 cm定点，然后将两端对应的两点拉绳，用石灰划出各定植沟的开挖线，见图2-17。

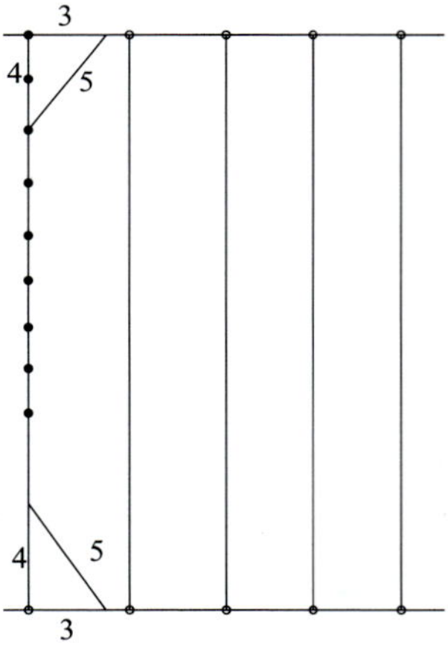

图2-16 平地建园－定点

图2-17 平地建园－确定定植沟

重要提示

果园定点放样时，四周基线上的株行距标记点要保护好，以便栽树时拉线校正树行。

③ 山地定植。以梯田走向为行向，在确定定植点时，要根据梯田面的宽度和设计行距确定。如果每台梯田只能栽一行，以梯田面的中线或距梯田外沿2/5处设为行线，在此行线上按株距要求标记定植点。山坡地形复杂，梯田多为弯曲延伸，行向要随弯就弯。遇到田面宽窄不等时，可酌情采取加减行的办法处理实际问题。

（2）定植穴的挖掘与回填

① 挖穴（沟）。定植穴一般是秋栽树夏挖穴，春栽树秋挖穴。这样做的好处是可使土壤熟化，使填入定植穴内的有机肥和秸秆提早分解，接纳雨水或灌溉水，促使土壤充分沉实，有利栽植成活。

挖穴是以标记的定植点为中心，挖长、宽、深都为80～100 cm的穴；挖定植沟以定植沟的开挖线为边界，挖深80～100 cm的沟。下层土壤坚实或土质较差的地块，要适当加深，以利改良土壤。机械挖穴见图2-18，机械挖沟见图2-19。

② 回填灌水。定植穴（沟）挖好后，将秸秆、杂草或树叶等有机物与表土分层填入穴内，见图2-20。为加速分解，在每层秸秆上撒少量生物菌肥或氮素化肥，尽量将好土填入下层，每填一层踩踏一遍。填至距地表30 cm左右时，撒入一层粪土。按每株25 kg左右优质农家肥的用量与表土拌匀后填入、踏实，用底土做好畦埂。回填后立即浇透水，使定植穴（沟）内土壤和有机物充分沉实，以免栽树后土壤下陷，造成果树悬根或倒伏，影响栽植成活和园貌的整齐。

（二）苗木准备

一般以当地苗为好。优质苗标准是：苗干高度1.0～1.2 m，苗干粗度（嫁接口以上10 cm处）乔化苗、矮化中间砧苗1.0 cm以上，矮化自根砧苗0.8 cm以上，矮化中间砧段长度20～30 cm，苗直无皱皮。芽子饱满，整形带内有8个以上饱满芽。嫁接口愈合良好（图2-21），无病虫害检疫对象。

栽植前将苗木按大小进行分级，使同级苗木栽在同一地块或同一行内，以利园貌整齐一致。将苗木的根用1%～2%的过磷酸钙液浸泡12～24 h，栽前对苗木进行修整，剪除枯桩及有劈裂伤的根系，使根系露出新茬，便于形成愈伤组织促发新根，然后蘸混有生根粉的泥浆，提高栽植成活率。

图2-18　机械挖穴

图2-19　机械挖沟

图2-20　回填

图2-21　嫁接口环状愈合

七、怎样进行苹果树定植?

苹果树栽植时期主要是秋栽和春栽。具体时间应根据当地气候条件及苗木、肥料、栽植穴等的准备情况确定。在冬季寒冷风大、气候干燥的地区，一般选择春栽，减少秋栽后越冬的防寒环节。

（一）栽植密度

果树的栽植密度是由树体大小决定的，而树体的大小又受品种特性、砧木种类、自然条件、栽培制度的影响。

1. 品种特性

不同品种的树冠大小和生长势不同，栽植密度应有所不同。如普通型品种<短枝型品种。

2. 砧木种类

砧木的种类、使用方式和砧穗组合不同，树冠大小也不同。一般普通品种/

乔化砧＜短枝型品种/乔化砧；普通品种/半矮化砧＜普通品种/矮化砧；同一种矮化砧，用作中间砧＜用作自根砧。

3. 自然条件

栽植密度依自然条件不同而异。平地＜山地；低纬度低海拔＜高纬度高海拔地区；气候、雨水条件较好＜气候、雨水条件较差。

4. 栽培制度

精细合理的栽培技术能有效控制树冠，可加大栽植密度，也可采用计划性密植，有效利用土地和光能。机械化耕作果园，可适当放宽行距。具体栽植密度参考表2-8。

表 2-8 栽植密度参考表

砧木与品种组合	栽植距离 /m		株数 / 亩
	行距	株距	
	4～6	3～4	28～56
普通型品种 / 矮化中间砧 短枝型品种 / 乔化砧	3～4	2	83～111
	4	2～3	56～83
短枝型品种 / 矮化中间砧 短枝型品种 / 矮化砧	3～4	2	83～111
	3～4	1.5	111～148

（二）栽植方式

以经济利用土地，提高单位面积经济效益和便于栽培管理为原则。主要栽培方式有：

1. 长方形栽植［图 2–22（a）］

本法是生产上广泛采用的栽植方式。特点是行距大于株距，即宽行密株，通风透光良好，便于机械作业，有利于幼树期间作。果树栽植的行向，一般以南北行向为好，尤其是平地果园，南北行向较东西行向树体受光量大且均匀。

2. 正方形栽植［图 2–22（b）］

株行距相等，便于纵横两个方向的操作管理，但不利于幼树期间作。

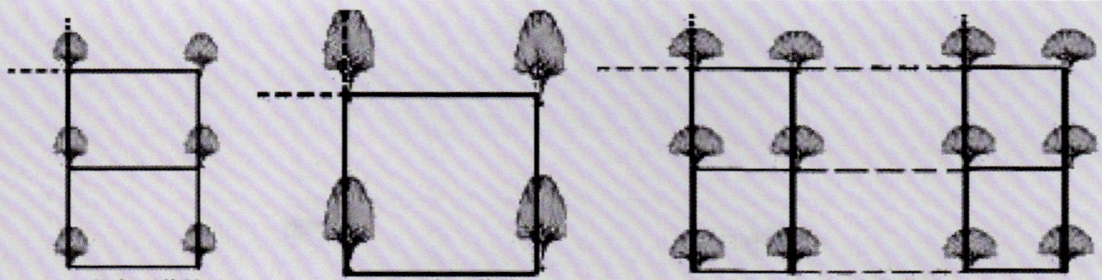

图2–22　栽植方式

3. 三角形栽植

行与行之间相互交错成等腰三角形，能增加单位面积的栽植株数，但不利于间作和管理，光照较差。

4. 带状栽植［图 2–22（c）］

宽窄行栽植，一般双行成带状2 m×2 m×4 m，即大行距4 m、小行距2 m，株距2 m。带内较密，群体抗逆性较强，但带内光照条件稍差，管理稍有不便。

5. 等高栽植

适于山地、丘陵地果园。栽时掌握“大弯就势”“小弯取直”的方法调整等高线，并对过宽、过窄处适当增、减树行，在行线上按株距栽植。在山地便于操作与灌溉。

（三）授粉树配置

大多数苹果树自花授粉不结实，必须异花授粉。少数品种如寒富虽自花授粉结实，但异花授粉不仅可大大提高坐果率，而且果形正、外观和品质更好。因此，建园时必须考虑配置适宜的授粉树，具体配置见表2-9。

授粉树一般占总栽植量的20%左右。如授粉品种经济价值较高而且能与主栽品种互相授粉，则其比例可达到50%左右。授粉树的配置方式有中心式、行列式、复合行列式、等高式4种，见图2-23。中心式用于授粉树经济价值不高时采用；行列式便于管理，为果园普遍应用的方式，具体可根据授粉树的价值高低与主栽品种按（2～4）:（2～4）的等量式配置或1：（3～4）的差量式配置。复合行列式在两个品种不能相互授粉，需要配置第2授粉品种时采用；等高式只在山地果园使用。

表 2-9　部分苹果主栽品种的适宜授粉品种

主栽品种	适宜授粉品种
元帅系	金冠系、富士系、嘎拉系、津轻系等
富士系	金冠系、元帅系、红津轻等
金冠系	元帅系、富士系、嘎拉系等
乔纳金系	元帅系、嘎拉系、富士系
嘎拉系	津轻系、富士系、绿帅、美国八号等
津轻系	元帅系、金冠系、嘎拉系等

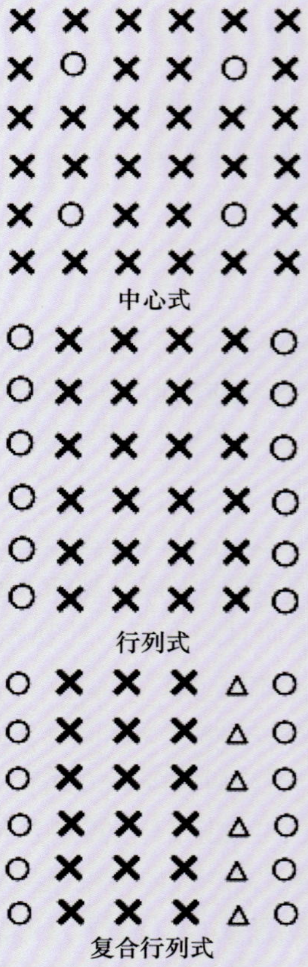

图2-23　授粉树的配置方式（× 主栽品种　○、△ 授粉品种）

图2-24　栽植过深

另外，要注意有些品种为多倍体，如乔纳金、陆奥、世界一、北斗，因其自身花粉发芽率低，配置授粉树时，最好选配2个品种，除满足多倍体品种授粉需要之外，二者还能相互授粉。

（四）栽植

栽树前，拉线对准定植点并打点标记。以栽植点为中心，20 cm为半径，挖深25 cm左右的穴。栽时将苗木直立于定植点，根系自然舒展在穴底的土丘上，目测前后左右对齐。根系周围尽量用表土填埋，在表土中混入三元复合肥，株使用量为100 g左右。穴填平后踏实，轻轻提动苗木使根系舒展并与土壤密接，再填土，踏实，使苗出土与地面相平。生产中经常出现由于栽植过深造成死树，见图2-24。将穴填平踏实后修整树盘，然后浇透水。当水下渗后封穴保墒。

八、苹果定植当年如何进行管理？

加强栽后管理，对提高成活率，缩短缓苗期，实现早果早丰具有十分重要的意义。

（一）定干套袋

1. 及时定干

新栽幼树在春季萌芽前要及时进行定干，以促发新梢加速整形。定干高度应根据整形要求决定，一般为70～90 cm，剪口以下25～30 cm内要有8～10个饱满芽。定干后立即用封剪油涂抹剪口，以防失水。高纺锤形可以不定干。

2. 苗干套袋

在寒冷、干旱、多风地区，应在苗干上套一细长塑料袋。袋的规格为直径3～5 cm，长度70～90 cm的细长塑料袋。将袋从苗木上部套下，基部用细绳绑扎（图2-25）。幼树发芽时，剪开塑料袋顶端，下部适当打孔，暂不取下。待发芽3～5 d后，在下午将塑料袋取下。这样不仅可以防寒保湿、降低冻害、防止苗木抽条，还可以防止金龟子或象甲为害。

图2-25　苗干套袋

（二）适时灌水

栽植后灌一次透水，干旱地区可补水一次。应避免频繁灌水导致地温降低和土壤透气性差，抑制根系生长，甚至造成烂根死树。5月以后随着气温升高，土壤中水份蒸发量增大，要注意灌水以促进幼树旺盛生长。7—8月高温多雨季节要及时排水。进入9月之后为促进枝条成熟要控制灌水，提高越冬抗寒能力。入冬前应灌足越冬水，以防枝条抽干。

（三）覆盖地膜

栽后树盘覆盖黑色地膜对提高幼树成活率，缩短缓苗期，加速生长具有显著效果。树盘覆膜之后，地温可提高3～5 ℃，土壤含水量相对提高20%以上，不但保墒、增温，且能减少肥料损失，控制杂草生长。

覆盖地膜的方法应根据栽植密度而定。株距在2 m以下的密植园可成行连株覆盖（图2-26）；株距在2 m以上的果园则用1 m见方的小块地膜单株覆盖。覆膜前应将树盘浅锄一遍，打碎土块，整成四周高而中间稍低的浅盘形，以便雨水流入根部。覆膜时，将地膜中心打一直径3.5～4 cm的小孔后从树干套下，平展地铺在树盘上。紧靠树干培一拳头大的小土堆，以防进风和膜下高温灼伤树干皮层，地膜四周用细土压实，以免被风吹起而失去作用。进入6月以后，由于膜下温度过高会影响根系生长，应在地膜上再覆一层秸秆或杂草降温。

（四）补栽缺苗

春季幼树发芽展叶后要检查成活情况。若发现死株现象应立即用预备苗补栽。夏季发生死苗、缺株，要在秋季及早补苗。最好选用同龄且树体接近的假植苗，全根带土坨移栽，保持果园的整齐度。

（五）追施肥料

幼树施肥应本着“少量多次”原则，既要及时供给营养，又要防止造成肥害。一般栽树时已施栽植肥，所以可在新梢长到15 cm左右时每株追施50 g

图 2-26　黑膜覆盖

尿素，方法是距离树干35 cm左右，利用施肥器按4～5点均匀施入。新梢长到30 cm左右时每株再追50 g尿素。7月下旬每株追施50～80 g复合肥。除土壤施肥外，还要加强根外追肥。可结合喷药进行，8月上旬以后喷0.3%～0.5%的磷酸二氢钾或交替喷施光合微肥、腐殖酸叶面肥等。

（六）夏季修剪

萌芽后，对靠近地面的萌蘖要及时抹除，以保证整形带内枝条生长旺盛。新梢长达20 cm时，用牙签开角（图2-27）。如果幼树旺盛新梢不足4个，应对中心干延长枝进行重摘心处理，即掐去梢尖3～5 cm，以促发侧生分枝。但摘心不宜晚于7月中旬。进入秋季，要拉枝开角，缓和长势。

（七）防治病虫

5月以后要注意防治蚜虫、卷叶虫、红蜘蛛、大青叶蝉等害虫及早期落叶病、白粉病和锈病等侵染性病害，以保护叶片。

图2-27　牙签开角（于年文）

第三章
Chapter 3

苹果的树形及整形修剪

一、苹果树体是如何构成的?

图3-1 苹果树体结构示意图

苹果树体分为地上部和地下部两部分（图3-1）。

（一）地上部

1. 主干

指根颈到第一主枝之间的部分，也称树干。主干对树冠起支撑作用，是根系与树冠之间输送水分和养分的通道，兼有贮藏养分的作用。

2. 树冠

树体主干以上部分总称为树冠，由骨干枝、结果枝组和叶幕构成。树冠东西和南北的距离叫冠径，用（东西）m×（南北）m表示。从根颈或地面到树冠顶端的距离称为树高。

（1）骨干枝 中心干、主枝和侧枝构成树冠的骨架，统称为骨干枝。

① 中心干。树冠中央直立生长的大枝为中心干，也称中央领导干。

② 主枝。着生在中心干上的多年生一级分枝称为主枝。

③ 侧枝。着生在主枝上的多年生二级分枝称为侧枝。

④ 延长枝。各级骨干枝先端领头生长的一年生枝称为延长枝，有引领骨干枝生长的作用。

⑤ 竞争枝。着生在延长枝附近，长势与延长枝相当，可能与延长枝产生竞争生长的枝叫竞争枝。

（2）结果枝组 指着生在各级骨干枝上、有两个以上分枝的小枝群，是果树构成树冠和叶幕，以及生长结果的基本单位。结果枝组以其体积大小分为大型、中型和小型枝组；以着生部位不同分为背上枝组、背下（后）枝组、侧生枝组；以着生方向不同分为直立枝组、水平枝组、下垂枝组；以分枝多少分为单轴枝组和多轴枝组等（图3-2）。苹果以单轴枝组为主。

（3）叶幕 叶幕是指树冠所着生叶片部分的总体，即全部叶片分布构成叶幕。叶幕是一个与树冠形态相对一致的叶片群体。叶幕形状有分层形、树篱形、纺锤形、开心形等（图3-3）。理想叶幕动态：前期叶面积增长快；中期保持合

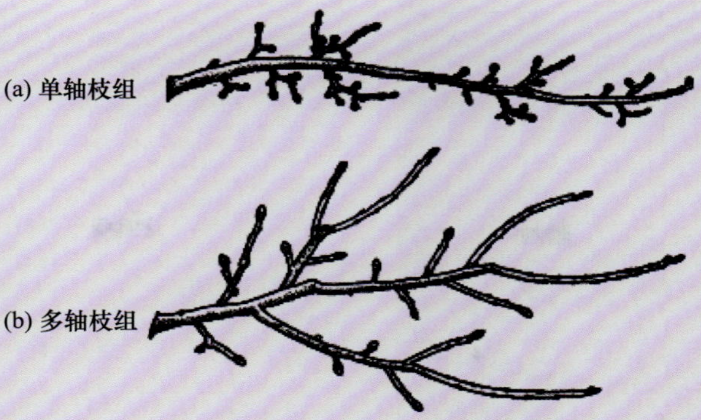

图3–2　单轴枝组与多轴枝组

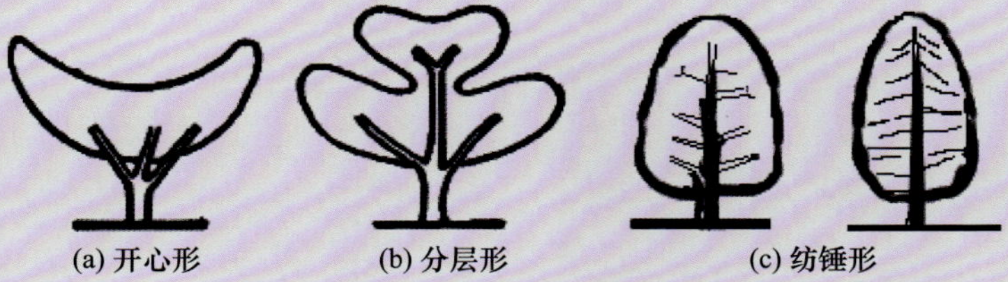

图3–3　苹果树常见叶幕形状

适的叶面积；后期叶面积维持时间长。

（4）辅养枝　着生在树干和中心干上的非永久性大枝称为辅养枝，又称临时枝。辅养枝是根据整形的需要，暂时保留的多年生枝，具有充分利用空间，增加枝量，辅养树体、均衡树势、提早成花结果的作用。

（二）地下部分

1. 根系类型

苹果的根系根据发生来源主要分为实生根系、茎源根系两种。

（1）实生根系　由种子的胚根发育形成的根系。实生砧嫁接的苹果树的根系为实生根系。特点是主根发达，分布较深，生活力和适应性强；但生理年龄较小，变异性大。

（2）茎源根系　由母体茎上的不定根形成的根系。用压条繁殖的苹果砧木苗都为茎源根系。特点是主根不明显，分布较浅，生理年龄较老，个体间比较一致。

2. 根系分布

按照在土壤中分布的状况根可分为水平根和垂直根。水平根是指与地面近

图3-4　幼树水平根位置

图3-5　根颈

于平行生长的根。垂直根指与地面近于垂直生长的根。

根系水平分布范围总是大于树冠，一般为树冠冠幅的1～3倍，而以树冠外缘附近较为集中，约有60%的根系分布在树冠正投影之内。成年果树根分布深度一般小于树高，多分布在10～80 cm范围土层，10～40 cm为根系集中分布层。

3. 根颈

果树地上部与根系的交界处称为根颈。根颈是根系与地上部的通道，是果树器官中较为活跃的部位。实生根系的根颈是由胚轴发育而来的，一般称为"真根颈"，茎源根系无真根颈，其相应部位称为根颈。栽植时，根颈埋的过深或过浅均易引起生长不良。越冬时根颈处最易受冻，应注意保护。

二、生产中苹果常用的树形有哪些?

(一)适宜树形的选择

苹果的树形很多，生产上主要根据砧穗组合、栽植密度、立地条件和栽培技术四个方面综合选择适宜的树形。生产上常用的有小冠疏层形、自由纺锤形、细长纺锤形以及高纺锤形（主干形）等。马宝焜等总结不同组合的树势类型及其相应的栽植密度树形见表3-1。

表 3-1　不同砧穗组合形成的树势类型及其相应的栽植密度和树形

树势类型	品种类型	砧木类型	栽植密度	树形
乔化	普通型	乔化砧	4 m × 6 m	主干疏层形
半矮化	普通型 红星短枝型 富士短枝型	半矮化砧 乔化砧 乔化砧	3 m × 5 m （2～3）m × 4 m 3 m × 4 m	小冠疏层形 自由纺锤形 自由纺锤形
矮化	普通型 红星短枝型	矮化砧 半矮化砧	2 m × 4 m 2 m × 4 m	细长纺锤形 细长纺锤形
极矮化	普通型 短枝型	极矮化砧 矮化砧	（1～1.5）m ×（3～4）m	细长纺锤形、高纺锤形

树形的培养即苹果的整形修剪除了前面提到的4个方面，还与品种、树龄有关。如红富士苹果，乔化、树体高大、成枝力与萌芽力强，幼树生长旺、结果晚、枝条不易开张。结果树对光照要求严格。修剪不当、结果量大易产生大小年；金冠苹果，乔化、树冠为中大型、成枝力与萌芽力较强，顶端优势明显，随着树龄的增长其成枝力逐渐减弱；国光苹果，树势强健、树体高大，幼树生长旺、萌芽率低、成枝力差、潜伏芽多，前期以中、长结果枝为主，后转为以短果枝结果为主，坐果率高；寒富苹果，树冠紧凑，枝条节间短，短枝性状明显，再生能力强，以短果枝结果为主，有腋花芽结果习性。早果性及抗逆性强，适于密植栽培。而不同树龄即发育阶段又会影响我们采用的树形及修剪手法。幼树期要构建树体骨架，加强各类枝的培养，边整形边修剪；结果初期要重点增加枝量与培养结果枝组，为负载标准化产量奠定良好基础。

(二)常用树形及其特点

苹果树常见树形及各自特点见表3-2。

表 3-2 苹果树常见树形及各自特点汇总表

树形	树高 /m	冠径 /m	中心干	主枝	侧枝 / 个	开张角度	级次
小冠疏层形	3.5～4.0	4.0 左右	1	5 左右	3～6	60°～80°	0～2
自由纺锤形	3.0～3.5	3.0～3.5	1		10～15	70°～90°	0
细长纺锤形	3.0～3.5	2.0 左右	1		15～20	80°～110°	0
高纺锤形（主干形）	3.0～3.5	1.5～2.0	1		25～35	90°～120°	0

三、与修剪有关的枝芽特性如何?

（一）枝

1. 枝的类型

为便于区分和利用，可从不同的角度对苹果树枝进行分类。

（1）按照枝的年龄 分为新梢、一年生枝和二年生枝（图3-6）。当年抽生的新枝在落叶之前称为新梢，新梢未木质化前称为嫩梢；新梢在一年中不同季节抽生的枝段分别称为春梢和秋梢；当年抽生的新梢在落叶后到次年萌发以前称为一年生枝。一年生枝在翌年春季萌芽后称为二年生枝，以此类推，二年生以上的枝统称为多年生枝。一般一年生枝上的芽萌发后，芽鳞片脱落常留下较明显的痕迹叫芽鳞痕，可作为区别不同枝段年龄的依据。

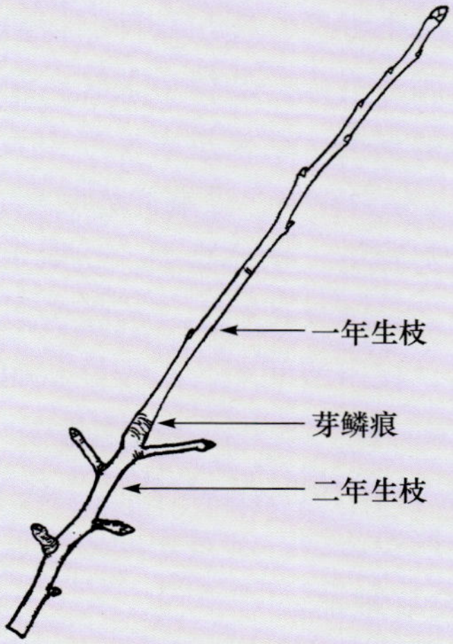

图3-6 果树的一年生枝与二年生枝

（2）按照枝的性质和功能 分为营养枝、结果枝。营养枝是指只有叶芽的一年生枝，翌年萌发后仅抽生新梢、叶片，而不开花结果。营养枝按其生长强弱又分为徒长枝、发育枝（普通营养枝）、纤细枝和叶丛枝。徒长枝多数由潜伏芽受刺激萌发而成，生长过旺而发育不充实，直立，节间长，叶片大而薄，芽不饱满，停止生长晚。发育枝生长健壮，组织充实，芽饱满，叶片肥大，是扩大树冠、形成结果枝的主要枝类。纤细枝比发育枝纤细且短，芽发育不良，多发生在光照和营养条件均差的树冠内部或低下部。叶丛枝极短，小于0.5 cm，一般由发育枝中下部的芽萌发而成，营养好的情况下可以转化为短果枝。

结果枝是指着生花芽的一年生枝；结果枝按长度分为长果枝、中果枝、短果枝（图3-7）。

苹果花序下有一段新梢（结果枝），坐果后膨大，习惯上叫果台，由果台上发出的副梢叫果台副梢，果台副梢也能形成花芽成为结果枝（图3-8）。

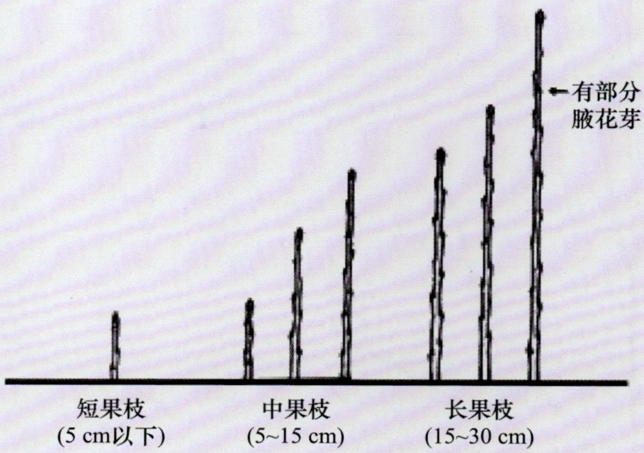

图3-7 苹果结果枝划分标准

图3-8 果台与果台副梢

（3）按照着生姿势 分为直立枝、斜生枝、水平枝和下垂枝等。生产中经常利用改变枝条着生姿势（即分枝角度）的方法来调节其生长势。

（4）按照枝与枝间的位置关系 分为重叠枝、平行枝、交叉枝等。

2. 枝的特性

（1）顶端优势 在同一枝条或植株上，处于顶端和上部的芽或枝，其萌芽力和成枝力明显强于下部的现象叫作顶端优势。一般枝条顶端或上部芽抽生的枝条生长势最强，向下依次减弱。枝条越直立，顶端优势越强，反之则弱；枝条平生，顶端优势减弱，使优势转移，造成背上生长转强；当枝条下垂时，顶端优势更弱，基部生长转旺（图3-9）。

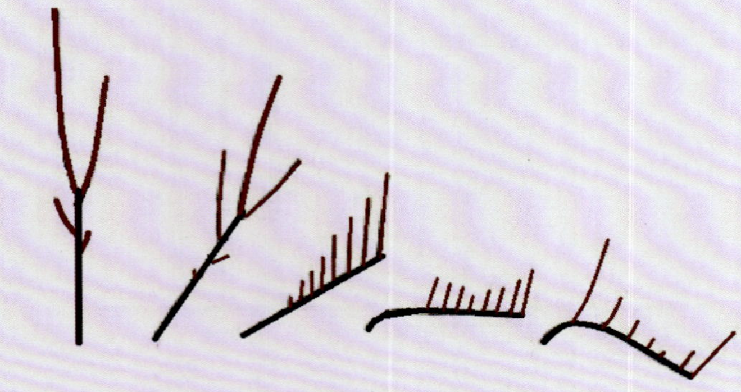

图3–9 顶端优势与优势转移

（2）垂直优势 树冠内枝条的生长势，直立枝最旺，斜生枝次之，水平枝再次之，下垂枝最弱，这种现象称为垂直优势。通过改变枝芽生长方向可以调整枝条的生长势。

图3–10 干性与层性

（3）干性 中心干的强弱和维持时间的长短称为干性。苹果中心干的生长量和寿命较其他主枝有明显优势。

（4）层性 树冠中枝条成层分布的现象称为层性。分层明显地层性强，反之层性弱（图3-10）。层性与顶端优势和成枝力有关，一般顶端优势明显，成枝力弱的品种层性明显，适于做小冠疏层形树形。

（5）分枝角度 枝条与其着生母枝所形成的夹角称为分枝角度。根据分枝角度将树姿分为开张（60°以上）、半开张（40°～60°）和直立（40°以下）。分枝角度大，长势缓和，容易形成花芽。

（二）芽

1. 芽的种类

（1）按照性质分花芽和叶芽 具有雏梢和叶原始体，萌发后形成新梢的芽叫叶芽；包含有花器官，萌发后开花的芽叫花芽。苹果的花芽是混合花芽，其芽内既有枝、叶的原始体，又有花的原始体，萌发后先长一段新梢，再在新梢上开花结果。

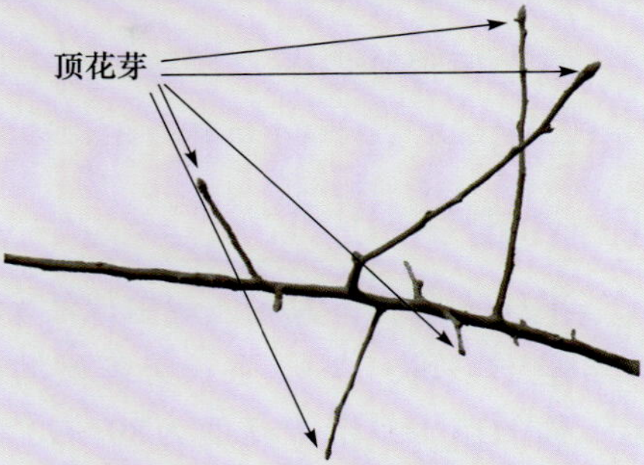

图3-11 苹果顶花芽

（2）按着生位置分顶芽和侧芽 位于枝条顶端的芽称为顶芽；侧面叶腋间的芽称为侧芽。顶芽是花芽的称顶花芽，苹果多以顶花芽结果为主，也有的品种具有腋花芽（图3-11）。

（3）按发育程度分饱满芽和瘪芽 发育大而充实的芽称为饱满芽，小而不充实的芽称为瘪芽。

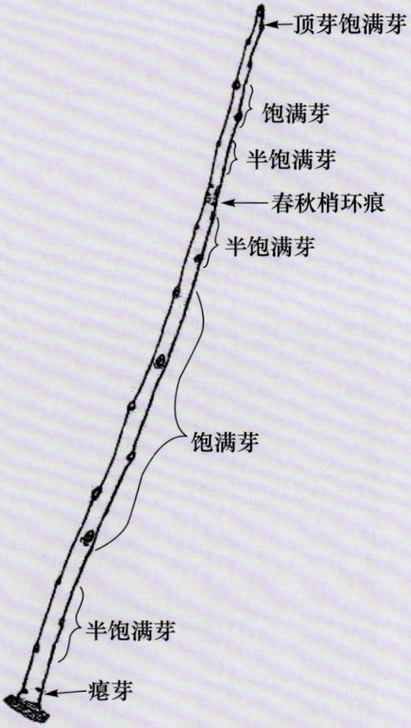

图3-12 芽的异质性

2. 芽的特性

芽的着生部位和发生时期不同，表现出不同的特性。

（1）芽的异质性 同一枝条上的芽在发育饱满程度上存在差异的现象称为芽的异质性（图3-12）。芽的异质性是由不同部位的芽在发育过程中所处的环境条件及树体营养状况不同造成的。

（2）萌芽力 一年生枝条上的芽能够萌发的能力称为萌芽力。萌发多则萌芽力强，反之则弱。萌芽力用萌芽率表示，萌芽率是萌芽数占枝条总芽数的百分率。萌芽率在60%以上为强，40%～60%为中，40%以下为弱。

（3）成枝力 指枝条上的芽萌发后能抽生长枝的能力。成枝力用抽生长枝的数量多少表示，一般抽生长枝数2个以下者为弱，4个以上者为强。

四、高纺锤形（主干形）如何进行整形？

高纺锤形（主干形）是当今矮化密植栽培的首选树形，栽植密度适于（1～1.2）m×（3～4）m株行距，每亩栽植140～220株。

（一）定干

果树定植后，为保证栽植成活率及萌发整齐，对幼树要及早定干（图3-13）。生长势旺盛的苗木可不定干，对生长势不强的苗木，定干高度为80～90 cm。剪口芽留在本地主风向的迎风面上（图3-14）。芽上1 cm，剪口向芽对侧倾斜30°～45°。有条件的地区可在定干后套塑料袋保湿（图3-15）。

二维码3-1 高纺锤形树体结构

（二）栽后第一年冬剪

去除萌蘖枝（图3-16）；去除距地面60 cm以下的分枝（图3-17）；去除直径超过中心干1/3的分枝（图3-18）；保留分枝缓放不截，若保留分枝少于4条，则需将分枝全部疏除，并对中心干延长枝于1.5 m处短截。萌芽前在整形带内选择方位合适的芽进行芽上刻伤，促发分枝。

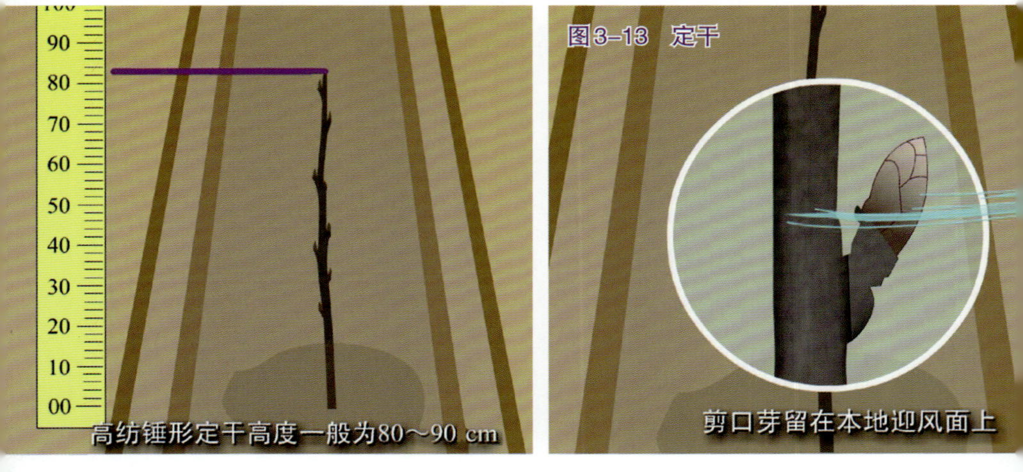

图3-13 定干

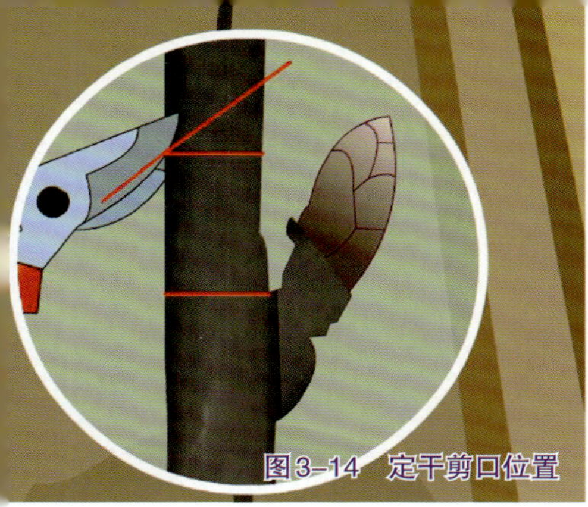

图3-14　定干剪口位置

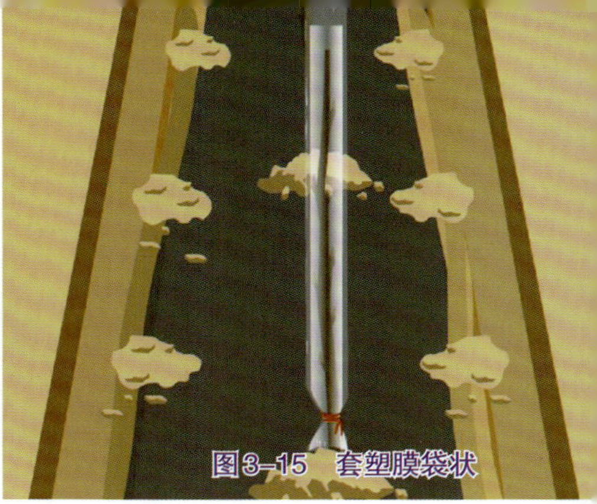

图3-15　套塑膜袋状

图3-16　去除萌蘖枝

图3-17　去除基部60 cm以下枝

图3-18　去除超过中心干1/3的大枝

图3-19　栽后第二年冬剪

（三）栽后第二年冬剪

选择一个好的中心干延长头带头，缓放不截。疏除竞争枝、直径超过中心干1/3的分枝、长度超过100 cm的分枝（参考株距，株距大长留、反之短留，此株距2 m，下同）、背上直立枝条、旺长枝条，保留分枝缓放不截（图3-19）。

二维码3-2　高纺锤形苹果树栽后第三年疏枝

（四）栽后第三年冬剪

当树体达到3 m，缓放结果，使其弯曲；顶端弯曲后回缩至较弱的结果分枝，以控制树高。疏除直径超过2 cm的分枝。疏除一年生直立、旺长枝条，疏除或回缩长度超过100 cm的分枝，将老的过分下垂的分枝回缩至平斜的结果枝处（图3-20）。

（五）栽后第四年及以后冬剪

疏除直径超过2 cm的分枝。疏除一年生直立、旺长枝条，疏除或回缩长度超过90 cm的分枝，将老的过分下垂的分枝回缩至平斜的结果枝处（图3-21）。疏除内膛徒长枝。

图3-20　栽后第三年植株

图3-21　盛果期植株

五、细长纺锤形如何进行整形？

日本矮化苹果栽培以细长纺锤形为主，其树体结构为树高3.5 m左右，见图3-22。苹果细长纺锤形栽植密度适于2 m×（3～4）m株行距，每亩栽83～111株。

二维码3-3 细长纺锤形树体结构

（一）栽后第一年修剪

为了有效控制树冠、改善通风透光条件和充分利用下垂枝结果，建园时有两种情况（图3-23）。第一种是用坐地苗建园，苗木生长健壮者可不定干。在生长开始前，酌情刻芽，以后抹除基部50 cm以下萌芽，保留新梢不疏不截，任其生长，秋季拉枝开角，有利于早成形，多结果。

图3-22 细长纺锤形树体

第二种是新栽树建园。苗木定植后，一般留70～90 cm定干，无病毒苗木，定干高度可达90～110 cm。

从春季萌芽到秋季，随时抹除苗干距地面50 cm以内的萌芽和嫩梢，以利上部有用枝梢的正常生长。夏季牙签开角（图3-24）、扭梢（图3-25）控制竞争。秋季拉平1 m以上的长梢，对不足1 m的新梢，待长度在80～100 cm时再拉枝。冬剪时对中央领导干延长枝的处理：过强时，可用其竞争枝换头；强壮、直立者，可不必短截，任其自由向上延伸；不足50 cm或太弱时，也可适度短截，以增强其树势。有条件可在中央领导干旁立支柱，对于矮砧果树尤为必要。无支柱条件则要控制过强侧枝并拉平侧枝，以扶持和确保中央领导干的优势地位，使其坚强有力、直立向上、以便负重，保持树形。

二维码3-4　牙签开角

二维码3-5　扭梢

二维码3-6　苹果树拉枝

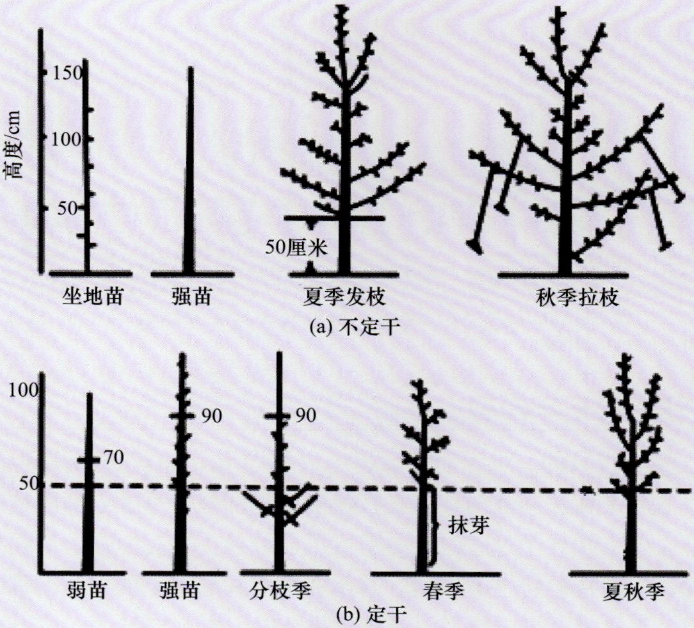

图3-23　细长纺锤形的定干与不定干

图3-24　牙签开角状

图3-25　扭梢

（二）栽后第二年修剪

从春到秋期间，继续抹除近地面50 cm以内和拉平的侧生分枝基部20 cm内的萌芽和嫩梢。夏剪时对侧生分枝背上梢采用扭梢、摘心、疏梢等措施处理，用扭梢、疏除等方法控制竞争枝。秋季继续拉平中心干上当年发生的侧生长梢（80～100 cm）。冬剪时，只疏除拉平枝背上的直立、徒长枝，令其单轴延伸，尽可能减轻修剪量。中央领导干延长枝强旺时，可用有一定角度的竞争枝换头，而当延长枝中庸状态时，则不必换头，尽可能保持其直立向上状态。若树高已达2.5 m时，则不必短截延长枝，放几年以后，有利于其上成花结果，树势上下平衡，有助于保持上小下大的纺锤形树冠轮廓（图3-26）。

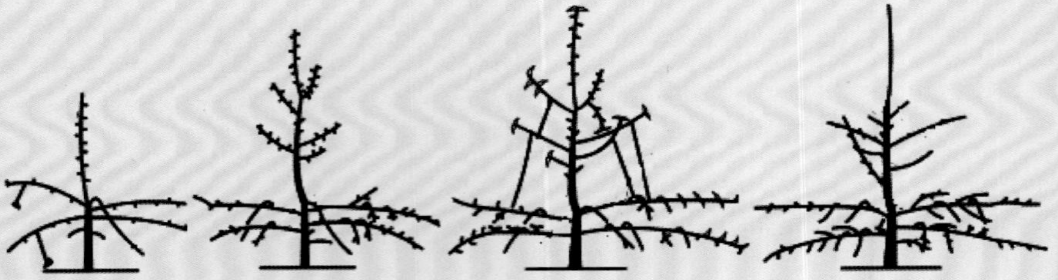

图3-26　细长纺锤形栽后第二年修剪

（三）栽后第三年修剪

对上年未拉枝的，可于萌芽后将中央领导干上70～80 cm以上的直立、旺长枝拉平。其余剪法同前两年。在枝量多、局部枝条重叠、郁闭情况下，可用疏剪调节。中央领导干过旺时，冬剪可用弱枝换头。对树冠上部强枝要严加控制或疏除，以保持树势上下平衡。着生在中央领导干上的中、下部的长枝，只要不重叠、不过密，都应拉平，缓势成花结果（图3-27）。

（四）栽后第四至第五年修剪

其他剪法同前几年。中央领导干延长枝原则上仍不短截，其下的侧生旺枝要疏除，以控制上强。注意开张树冠中、下部侧生分枝的角度，加强中、小枝组的培养。生长季将中、上部直立新梢拉成70°～90°，以保持上下树势平衡（图3-28）。

（五）六年生及以后的修剪

到第五年末，树已基本成形，树高达到2.5 m以上，树冠下部冠径2 m

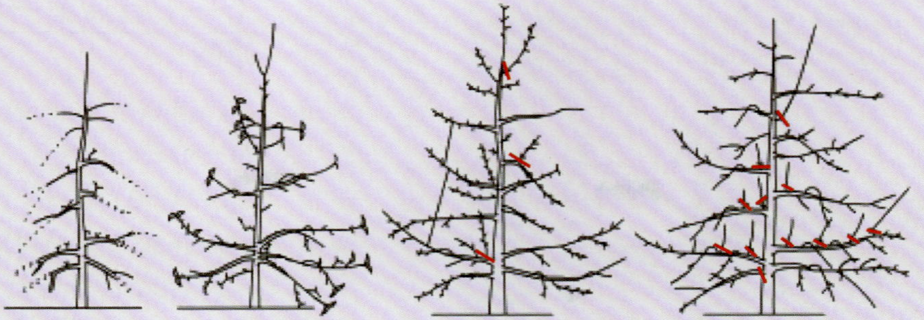

图 3-27　细长纺锤形栽后第三年修剪

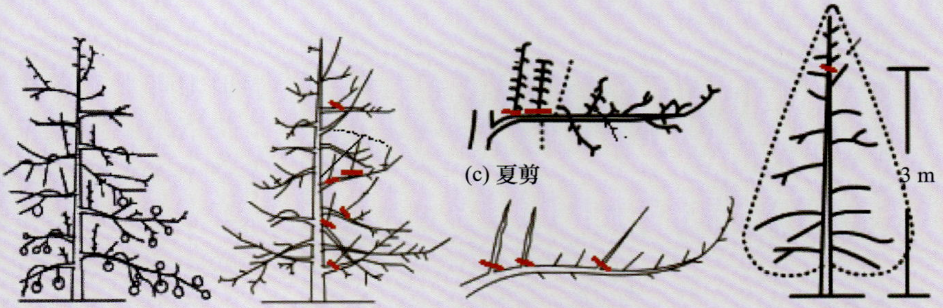

图 3-28　细长纺锤形栽后第四至第五年修剪

左右，单株枝量少者600～800个，多者1 000～1 500个。亩产量达2 000～3 000 kg，完全可进入丰产阶段。以后随着树龄和枝龄的增长，侧生枝过密可适当调整和控制。当侧生枝基部粗度（直径）超过3 cm，长度超过1.5 m时，就应着手控制，或密者疏除，或弱者回缩于后部良好分枝处，以保证良好的单位面积适宜枝量。

六、自由纺锤形如何进行整形?

自由纺锤形的苹果树栽植密度适于（2 ～ 3）m × 4 m株行距，亩栽55～83株。自由纺锤形树体见图3-29。

图3-29　自由纺锤形树体

（一）栽后第一年修剪

定植后在距地面70～80 cm处定干，见图3-30（a）定干。萌芽前在整形带内选择方位合适的芽进行刻伤，促发新梢培养主枝。萌芽后及时抹除主干上近地面40 cm以内的萌芽和嫩梢。夏剪时对旺壮竞争梢进行扭梢或重摘心控制，见图3-30（b）夏剪。秋季各主枝新梢拉枝成70°～80°，见图3-30（c）秋剪。冬季，中心干剪留50～60 cm，选2～4个主枝，剪留40～50 cm，或剪去全长的1/3，见图3-30（d）冬剪。

（二）栽后第二年修剪

春季对小主枝及辅养枝刻芽或按15～20 cm间距进行多道环割，并及时抹除背上萌芽。新梢旺长期疏除基部20 cm以内背上旺枝及过密新梢，并对其背上直立梢扭梢或摘心，控制骨干枝上的竞争梢，见图3-31（a）夏剪。秋季对中心干上发出的新梢进行拉枝。冬剪时，中心干延长头剪留40～50 cm，各主枝头剪留30～40 cm。强旺小主枝长放不剪，翌春刻芽促枝，见图3-31（b）冬剪。

二维码3-7　自由纺锤形树体结构

（三）栽后第三年修剪

基本同第二年，各延长枝仍需短截，剪留40 cm左右，见图3-32。

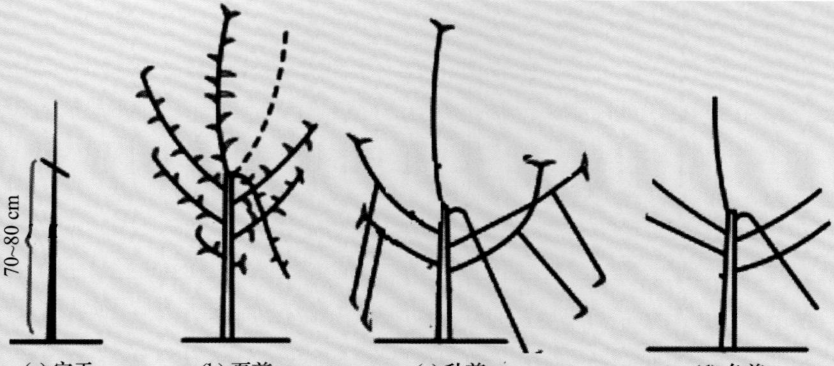

(a) 定干　(b) 夏剪　(c) 秋剪　(d) 冬剪

图3–30　自由纺锤形栽后第一年修剪

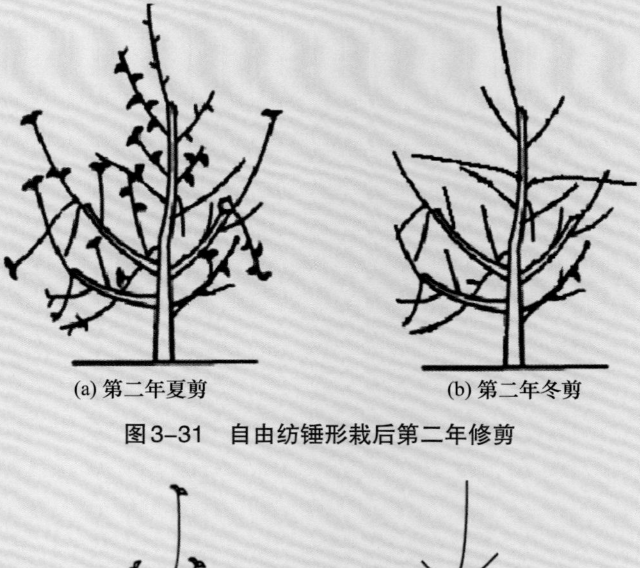

(a) 第二年夏剪　(b) 第二年冬剪

图3–31　自由纺锤形栽后第二年修剪

(a) 夏剪　(b) 冬剪

图3–32　自由纺锤形栽后第三年修剪

（四）栽后第四年修剪

生长期修剪同前几年。秋季对中心干上部小主枝拉枝。冬剪时疏除内膛徒长枝。当株间空间只剩1 m时，停止短截骨干枝延长头，减缓扩冠速度。继续培养上层小主枝和下层主枝的结果枝组。角度小时要拉到80°～90°，见图3-33。

（五）栽后第五年修剪

夏剪同前几年，冬剪时长放延长头，疏除直立枝、徒长枝、密生枝及近地面分枝。待树势稍稳定以后，可逐渐落头到2.5 m左右良好分枝处，以弱主枝或大枝组代头。各小主枝头不再短截，对下层主枝和辅养枝环剥促花，疏除背上枝。中、下层的小主枝过大、过长和过密时，可酌情控制，回缩或疏除，以保持稳定的纺锤形轮廓，见图3-33。

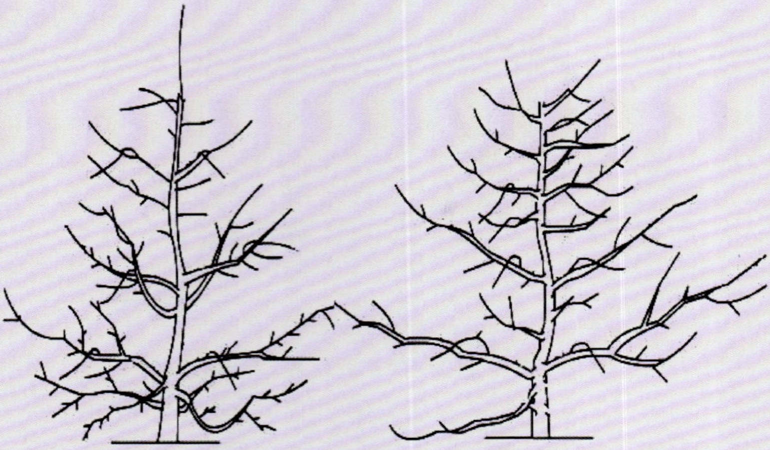
(a) 第四年冬剪　　(b) 第五年冬剪

图3-33　自由纺锤形栽后第四年和第五年冬剪

七、小冠疏层形如何进行整形?

苹果树的小冠疏层形栽植密度适于（3～4）m×（4～5）m株行距，亩栽33～55株。小冠疏层形树体见图3-34。

图 3-34 小冠疏层形树体

（一）栽后第一年修剪

苗木定植后，在距地面70～80 cm处定干，见图3-35（a）定干。不够定干高度的苗应剪到饱满芽处，以备下年定干。萌芽后，及时抹除主干上近地面40 cm以下的萌芽，以保证整形带内枝梢生长。夏季选择位置居中，生长健壮的直立新梢作中心干的延长梢，对竞争梢扭梢，见图3-35（b）夏剪。同时培养方向、角度、长势合适的新梢，留作基部主枝用。秋季对主枝新梢拉枝，使开张角达到60°以上，并同时调整方位角，见图3-35（c）秋剪。冬季中心干剪留80～90 cm，各主枝剪留40～50 cm，见图3-35（d）冬剪。注意剪口第一芽要留外侧芽。如未选出主枝或中心干生长过弱时，可将中心干延长枝留30 cm短截，以便第二年选出。

（二）栽后第二年修剪

抽生良好的侧枝，春季萌芽前，主枝上选位置合适的芽进行刻伤，以促生背斜侧枝，见图3-36。萌芽后及生长期内继续抹除主干上近地面40 cm内的萌芽、嫩梢，并抹除主枝基部20 cm以内和背上的萌芽。6月上中旬采用扭梢、重摘心和疏枝的方法，处理各骨干枝上的竞争梢，见图3-37（a）夏剪。

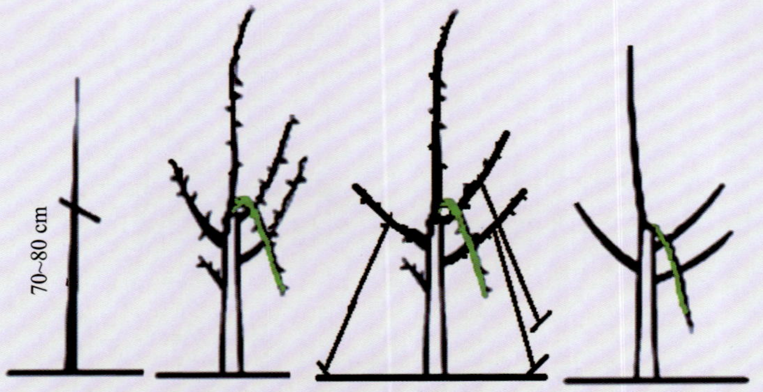

图3-35　栽后到第一年修剪

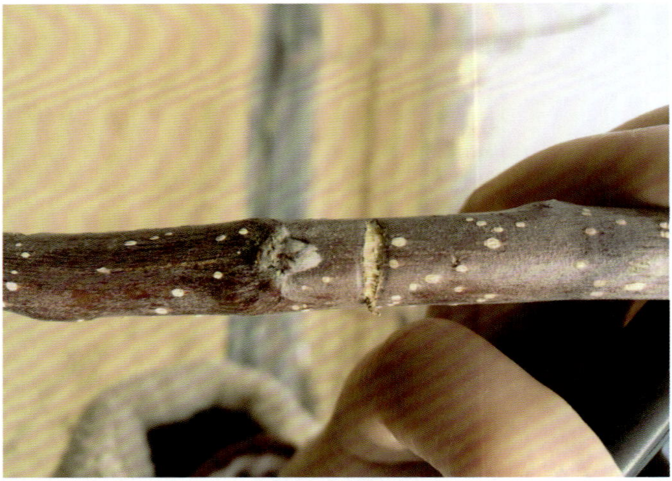

图3-36　刻芽状

拉枝。秋季按要求拉开主枝角度，拉平70～100 cm长的辅养枝。年生长量不足1 m的主枝长放不拉。

冬剪。继续选留第二层主枝。第一层主枝层内距20～30 cm，用拉枝、撑枝法，将基部3主枝方位角调整到120°左右，第一层主枝上各配备1～2个下侧枝，侧枝一定选背斜方向，第一侧枝距中心干20～40 cm，第二侧枝距第一侧枝50 cm左右。按奇偶相间的顺序选留侧枝。第一至第二层主枝层间距保持70～80 cm，期间可配备几个辅养枝或大枝组。中心干延长头剪留50～60 cm，主枝头剪留40～50 cm，或全长的2/3左右。强主枝要在秋季和春季开张角度，见图3-37（b）冬剪。

（三）栽后第三至第四年修剪

冬季修剪，中心干和主、侧枝的延长头分别剪留50～60 cm、40～50 cm、

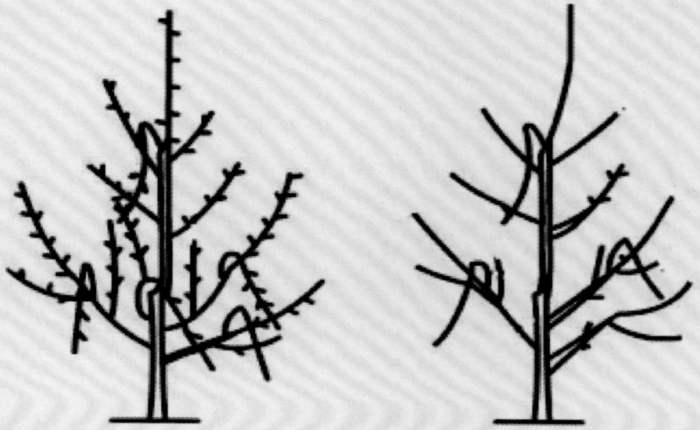

图3-37　栽后第二年修剪

40 cm。各辅养枝仍采取轻剪长放多留拉平的方法，多留花芽，开始结果。5年生树，如树高达3 m以上，树冠大小已符合要求，第一层主枝头不短截，以延缓树冠交接的年限。继续培养第二、三层主枝，采用先放后缩法培养枝组。对主枝背上的强梢要扭梢或拉平，或用连放法，形成单轴细长枝组。为控制过旺的树势和适龄结果，仍需采用各种变向和刻剥技术培养枝组和改造辅养枝，见图3-38。

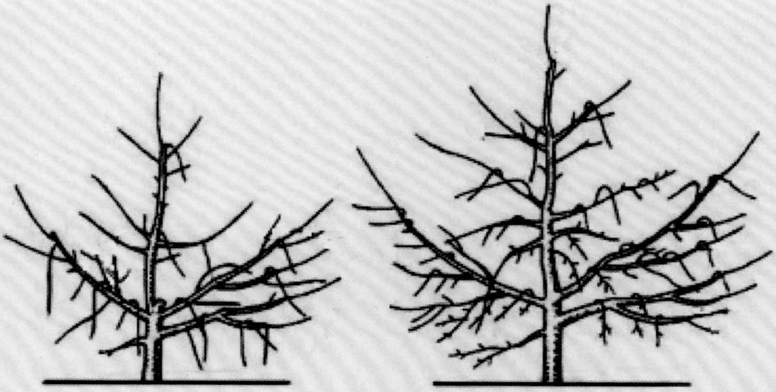

图3-38　栽后第三年和第四年冬剪

第四章

Chapter 4

苹果周年生产管理技术

一、萌芽前如何进行管理？

（一）整形修剪

1. 修剪的任务

控制树冠，改善光照条件，稳定树势，精细修剪枝组。

（1）适时控制树冠 当树头超过该树形规定高度时，对生长势已缓和的中心干延长头进行落头，一般可一次性落到要求高度，见图4-1，落头部位只留中庸的单轴细长枝做新头，以利于通风透光，避免树势返旺，见图4-2。在树冠中上部旺枝多、角度小的情况下，要疏除树冠中上部强大分枝，拉平有用的斜生枝、直立枝、大枝组，以确保中心干的优势。另外，幼树期，中心干延长头过高，超过树高要求，也可及早进行拉弯处理（图4-3、图4-4），这样既能增加前期产量，又能控制树高。

（2）调整处理大枝 去除树冠多余大枝的原则是去长留短、去大留小、去粗留细、去密留稀，分期、分批疏除。一般去除大枝应从大年开始。大枝少的，可一次性去除；大枝多的，可分3年去除，第一年去除60%左右，第二年去除30%左右，第三年去除10%左右。具体去枝多少，应根据全树枝量、花芽量和树势等情况而定。

图4-1 一次性落头

图4-2　落头

图4-3　树头中心干拉弯处理后萌发状态

图 4–4　矮化中间砧不落头拉弯处理

图 4–5　保护桩

在调冠改形的过程中，中心干落头时要留保护桩，见图4-5。保护桩可起到平衡树势、预防腐烂病菌侵染的作用。试验结果表明，保护桩留30 cm高度较为适宜，它对伤口愈合与预防腐烂病菌的侵染、平衡树势、具有良好的作用。

对于改造树，为防止返旺，全树实行轻剪长放，将偏弱枝拉成70°～80°，中庸枝拉成90°、旺枝拉成90°～100°，再辅以夏剪促花技术，促发大量中、短枝，使树既能适量结果，又能稳定树势，光照充足，果实品质优良。修剪后保证行间枝距在1 m以上。

在小主枝延伸阶段，将分枝角调整到60°～70°。在主枝稳定阶段，将生长中庸的分枝角调整到80°～90°，生长旺的分枝角调整到100°～120°。为防止出现“上强下弱、上大下小”现象，可将主枝开张角度自下而上逐渐加大，如下部为80°左右，中部为90°左右，上部为100°～120°。拉枝时坚持够长就拉，一拉到位，维持良好的树形和稳定的树冠。

（3）精细修剪枝组　在枝组扩大阶段，仅对带头枝进行中短截。在枝组稳定阶段，对带头枝停止短截，令其缓势、增枝、成花、结果，易形成单轴、细长、松散、下垂枝组。在枝组更新阶段，在中后部良好分枝处进行回缩，并对新带头枝重短截，以恢复生长势，见图4-6。枝组姿势多以斜生和两侧枝组为好，一般去除背上直立枝组。保持适宜枝组间距，使各类枝组高低错落、大小相间，充分利用空间、丰满而不密，一般大型枝组>15个枝，轴长60 cm以上；中型枝组5～15个枝，轴长30～60 cm；小型枝组<5个枝，轴长<30 cm。每1 m骨干枝上平均有8～12个枝组，品种不同，数量略有差异。垂帘式结果枝组见图4-7。垂帘式结果枝组由于改变了其营养运输的部位及方向，光照条件得到明显改善，使全树的枝类比发生了明显改变，中长果枝显著增多，连续结果能力提高，对提高树体产量及质量，抗自然灾害能力效果显著。

2. 修剪技术要点

修剪之前，先观察树体结构，树势强弱及花芽多少等，抓住主要问题，确定修剪量和主要修剪方法。

（1）落头　树体高度影响全园叶片光合效能的高低、树冠大小，以及单株产量的形成。乔砧幼树在树高达到3.5 m时落头，矮化幼树在树高达到3.0 m时落头，光照条件好，单株产量高。7年生乔化幼树树高一般为行距的0.9倍左右，6年生矮化树树高为行距的0.8倍左右较为适宜。

图4-6　枝组回缩

图4-7　垂帘式结果枝组

（2）骨干枝处理 梢角过小或过大的骨干枝，应利用背后枝或上斜枝换头，抬高或压低其角度，若与相邻树冠或大枝交叉多则可将其适当回缩。保证行间距1 m，株间距0.5 m。

（3）结果枝组处理 主枝背上枝组严重影响侧生和下垂结果枝组的形成及恶化树冠内的光照情况。解决树冠的光照是建立良好的结果枝组体系的关键。试验结果表明，在4年内，疏除主枝背上90%的枝组，在主枝的先端部位留10%的中小枝组（平衡树势）较为适宜。然后疏去部分过密的枝组，以利于通风透光，再回缩过长的、生长势开始衰退的枝组。对弱树，则早些回缩。回缩部位应在有较大的分枝处。对于无大分枝的单轴枝组或瘦弱的小型枝组，一般应先缓放养壮之后，再行回缩。结果枝组间距20 cm。结果枝组分布见图4-8、图4-9。

（4）果枝选留 为使果实萼洼朝下，果形端正，提倡多用中、长果枝或有一定枝轴长度的短果枝结果，一般不用背上直立果枝结果。对于成串成花、结果的长放枝，注意单枝上留果要适当，不轻易回缩该枝。在果枝枝龄过大、结果能力下降后，及时更新，每年更新一批，使全树枝组、果枝经常处于年轻、健壮、结果有力的状态。

（5）修剪的注意事项 先处理大枝，后处理小枝；先疏枝，后短截。按主

图4-8 苹果垂帘式结果主枝上枝组的分布

图4-9　结果枝组分布

枝顺序由下向上修剪。大小伤口均应立即涂抹保护剂，并将不平整的大伤口面修平，不平整的锯口如图4-10，平整的锯口见图4-11。病株应最后修剪，并注意修剪工具的消毒。

（二）土肥水管理

早春，地温达到3～4 ℃时，果树吸收根开始活动。影响吸收根活动的主要因素是贮藏营养和土壤温度。因此，此期果园土肥水管理的主要任务是要做好土壤增温保墒，及时追肥、灌水以及种植绿肥、砂石覆盖等，保证果树春季生长。具体做法有以下几个方面。

1. 清园

1月份，要及时清除园中的枯枝、落叶、杂草，堆积沤肥，减少越冬害虫的基数。

2. 灌水

早春果树萌芽抽枝，开花坐果，需水较多，北方地区春旱现象严重，要根

图4-10　不平整的锯口

图4-11　平整的锯口

图4-12　小沟交替灌溉

据降水情况，及时灌水。春季萌芽前灌水，虽用水量不大，但能促进春梢生长、叶片肥大、有利于坐果，并能延迟花期2～3 d，可以减轻倒春寒、晚霜为害。苹果果形指数的大小，受花期前后土壤湿度的影响较大，土壤湿度适宜，有利于幼果加速生长，能显著加大果形指数。

3. 起垄覆膜、小沟（交替）灌溉

起垄覆膜、小沟（交替）灌溉是近几年推出的一项节水灌溉新技术，在保证树体需水的同时，可节约用水，降低成本。方法是先挖穴施肥、起垄做沟灌水，再覆膜保墒，见图4-12。具体操作：在树体外围延长枝垂直向下20～30 cm内侧挖2～4个长、宽、深各40～50 cm的穴状坑，将腐熟的有机肥、化学肥料集中施到肥穴内。在施肥穴外（行间）起土，覆盖树下，高度15～20 cm，树干周围3～5 cm处不埋土。顺行向或灌水方向，紧贴施肥坑外缘做宽、深分别为20～40 cm的灌水、排水沟，进行交替灌水。根据栽植密度和树龄，在起的垄上每边铺盖1～2 m宽的黑色地膜。用张力计测定土壤水势，见图4-13。当20 cm处土壤水势达到-80 kPa时，准备灌溉；当50 cm处土壤水势达到或超过-45 kPa时，进行灌溉。

分区灌溉的好处有3个方面。第一，节约用水；第二，在果实接近成熟期时能促进果实着色和成熟，因为根系在水分亏缺的情况下，会分泌脱落酸，促进果实的着色与成熟，在采收后也能促进树体正常进入休眠；第三，两侧根系交替灌溉，使一部分根系处于不缺水状态，一部分根系处于不缺氧状态，保障了土壤中水和氧气充足但不相斥，使树体营养和激素均衡，有利于树体的生长发育和抵御不良环境。

4. 追萌芽肥

春季追肥可根据果树需肥规律和实际需要，土壤供肥能力与肥料效应，遵循平衡施肥的原则，确定合理追肥。常规的追肥方法是春季追肥以根部追肥、追施化肥为主。1～2年生苹果树，每株追肥50 g左右，3～4年生树50～100 g，5～6年生树150 g左右，大树250～500 g，以氮素为主图4-14。

图4-13　土壤张力计

图4-14　追萌芽肥

5. 穴贮肥水

目前，我国仍有部分果园缺少灌溉条件，采用地膜覆盖、穴贮肥水，是行之有效的方法，对于干旱少雨地区更应如此。可于每年的春季发芽前，在树冠投影内挖3～5个穴，穴深40 cm，直径30 cm，呈圆柱形，穴内放置草把，并向草把周围填土，做成中间低，四周高，然后顺草把灌入稀释的水肥（过磷酸钙、硫酸钾、尿素等），再盖上地膜，四周压好，并将地膜中间穿1小孔，蓄集雨水以保墒（图4-15）。

6. 果园生草

我国长期沿用清耕制，用化肥来代替有机肥，果园土壤有机质含量多在0.5%～1.0%，严重制约苹果产量、质量的提高。近几年，果品质量虽有提高，但果实缺素症多，糖度偏低，着色稍差，最终导致出口率低，国际市场占有率低。其重要原因之一就是果园土壤有机质含量低，肥力不足，解决此问题的根本途径就是实行生草覆盖法。

20世纪50年代，欧洲各国和美国、日本、意大利、波兰、苏联等国家，开始实行果园生草栽培，见图4-16、图4-17。日本青森苹果试验场从1931年开始进行果园生草栽培试验，并自1952年起在生产中推广。现在苹果园生草率接近100%；波兰果园几乎全部采用生草法，有行间、全园两种；朝鲜也大力发展生草法；美国果园普遍采用行间生草，株间和树盘施用除草剂的管理办法。果园生草技术已成为发达国家开发成功的一项现代化、标准化的果园土壤管理技术，它符合果业可持续发展及生态农业的要求。

果园生草（绿肥）的好处：一是保持水土、防风固沙。试验表明，在坡地无梯田条件下，清耕、全园生草和带状生草区水流失量（kg/hm^2）分别为790.8、383.1和401.1，土壤流失量（kg/hm^2）分别为528.2、17.0、19.0。如刈

图4-15　穴贮肥水（张国强）

图 4-16　德国生草制果园

图 4-17　日本生草制果园

割覆草，可使土壤水、肥、气、热、生物五大因素稳定，扩大根层分布范围。二是提高土壤肥力。中国农科院郑州果树研究所在黄河故道沙地苹果园连续5年种毛苕子，压青，土壤有机质含量可增加0.4%～0.7%。生草园亩产鲜草2 t，相当于4 t厩肥的肥力。据资料表明果园覆草3年，土壤速效氮增加8.5%，有效磷增加1.8倍，速效钾增加4.7倍。三是改善果园生态环境。生草根系与土壤作用，形成稳定的团粒结构，从而增强土壤保水、透水性，加速土壤熟化。夏季表层土壤温度下降6～14 ℃，冬季地表温度提高2～3 ℃。一般年份生草园土壤含水量比清耕园提高1.32%～3.51%，其后效作用可达2～3年。四是优化果园生态体系。生草为天敌种群繁衍创造了适宜的栖息、隐蔽环境，如中华草蛉、丽小花蝽、微小花蝽、龟纹瓢虫、食蚜蝇等。五是免除中耕除草，便于行间作业。行间生草，草高时用机械刈割，见图4-18、图4-19。1年3～4次，快速高效。生草4年可节省生产费用13%，能有效降低生产成本。六是提高树体抗性，减轻病虫危害。生草覆草后，地力增强，果树根系活动能力增强，生长时间长。草在分解过程中释放CO_2，提高叶片光合效能，因而树势健壮，病虫害大为减轻。据研究报道（2004），生草果园蚜虫、叶螨高峰期推迟3～15 d，桃小卵果率降低，苹果腐烂病病疤减少41.51%～73.24%，轮纹烂果病减轻20.12%～30.35%，苹果小叶病发病率减少43.53%。另据窦连登试验（1996），行间生草区苹果园（亩）中华草蛉、小黑花蝽分别为2 210头和8 340头，天敌：害螨为1：（1.2～2.3）头；而清耕区中华草蛉、小黑花蝽分别为397头和888头，天敌：害螨为1：（34～88）头，相差悬殊。七是增产、增质、增效。据李登绚等在甘肃庆阳市西峰区无灌溉条件下的苹果园进行的试验（2005）表明，果园生草区和覆草区的果实硬度、纵横径、可溶性固形物含量均优于清耕区，单果重分别提高18.7%和21.2%，单位面积（亩）产量提高18.5%和21.9%。此外，生草园由于空气湿度大可减轻枝干和果实的日灼，同时有助于果实着红色，果面光洁度高。

图4-18　割草设备1

图4-19　割草设备2

生草园选择草种应遵循耐寒耐旱、耐荫、耐践踏、须根性、生态兼容性等原则。果园生草种类一般有：豆科类，如白三叶、紫花苜蓿、沙打旺、草木犀、百脉根等；禾本科类，如鸭茅、无芒雀麦、草地早熟禾、黑麦草等；十字花科类，如二月兰等。对于地下水位较高或灌区果园，宜选用白三叶、红三叶等较耐渍的草种；而对于旱地、灌水不便的果园，宜选用百脉根、扁茎黄芪等较为耐旱的牧草。慎重选择紫花苜蓿和毛叶苕子，因其易发生鼠害。

一般在3—4月份（春季）土壤解冻后或9—10月份（秋季）种草，春季适宜条播，秋季适宜撒播。土层深厚、肥沃，根系分布较深的果园，可全园生草（图4-20）；而土层较浅、瘠薄的果园，则宜采取行间或株间生草。一般在果树3年生后不能间作其他作物时进行生草。

栽培禁忌

树干周围约50 cm内不种草，以防害虫爬到树上。秋季把草割掉，防害虫越冬。

图4-20　人工生草（种植白三叶）

平整土地后，在生草播种前半个月灌1次水，诱使杂草种子萌发出土，然后喷施短期内可降解的广谱性除草剂，但应注意不能使用国家禁止使用的除草剂，如百草枯（克无踪）等，10 d以后再灌水1次，将残余的除草剂淋溶下去，然后播种草籽。播前应细致整地，撒施磷肥50 kg/亩，翻耕后整平地面可采用条播或撒播的方法。条播行距15～30 cm，播种深度0.5～1.5 cm，播后可适当覆草，遇土壤板结时及时松土，以利出苗。播种量根据草类而定，黑麦草、羊茅草等2.5～3 kg/亩；白三叶、紫花苜蓿等豆科类1～1.5 kg/亩。也可采用苗床集中先育苗后移栽的方法。采用穴栽方式，每穴3～5株，穴距15～40 cm，豆科草穴距可大些，禾本科穴距可小些，栽后及时灌水。

出苗后应及时清除杂草，查苗补苗。干旱时及时灌水补墒，并可结合灌水补施少量氮肥。在种草当年，最初几个月最好不割，待草根扎稳、生长量大时开始刈割（高约30 cm），割时留茬5～10 cm，一年刈割3～4次，把割下的草撒在树盘上；生长期需要每年施肥1～2次，主要以氮肥为主，采用撒施或叶面喷施的方法，每年施氮肥10～20 kg/亩，生长期干旱时需适量灌水。种草后2～3年内，应当增加果树根外追肥次数，并适当增施碱性肥料，防止生草后土壤变酸；一般生草4～6年后会逐渐老化，要及时翻耕，闲置1～2年后重新播种，以春季翻耕最好。也可在草上喷施150～200倍的草甘膦，使草迅速死亡腐烂分解。

7. 果园间作

在幼树期间，株行间空地较大，除适宜生草外，为了增加早期收入，可以合理种植间作物。常应用的间作物种类有豆类、薯类、早熟蔬菜、药用植物、蜜源植物等。间作的范围和方式为幼树间作主要在行间，间作时要留出足够的树盘或树带。树带宽度要保证1年生树1 m，2年生树1.65 m，3年生树2 m，4年生树2.5 m以上。一般在树冠垂直投影外0.5 m处开始种植间作物。间作果园经营思想要以果树为主，随着树冠扩大、结果量的增加，要严格控制间作物，为果树早果丰产创造良好条件。

也可在行间种植趋避植物，如香雪球、万寿菊、孔雀草、美国薄荷、罗勒、蓖麻和藿香芥等。各种趋避植物对康氏粉蚧的影响表现为：孔雀草＞万寿菊＞薄荷＞罗勒＞自然生草＞清耕。

（三）病虫害防治

1. 清园

越冬休眠期是病虫害生命周期中最为薄弱、被动的时期，通过农业措施加

图4-21　腐烂病症状

以清除，对控制翌年病虫害的发生有重要作用。清除残枝落叶、僵果，剪除病虫枝梢，刮除老翘皮并集中销毁，可有效减少褐斑病、轮纹病、白粉病、叶螨、刺蛾、金纹细蛾、康氏粉蚧等病虫害的越冬基数。树干涂白，灭菌除虫，可提高树体的抗寒性。此外，人工捕杀、刮病疤、剪摘除病虫枝梢果等均是有效的物理防治方法。

（1）刮治腐烂病　腐烂病主要为害主干、主枝，也可为害小枝，严重时还可侵害果实。该病的主要症状是受害部位腐烂，腐烂皮层有酒糟味，后期病斑表面有小黑点，潮湿条件下可冒出黄色的丝状物，见图4-21、图4-22。一般从2月下旬开始，树干上的腐烂病斑在皮下发展较快，而外表发展较慢，随着病斑的迅速扩展，逐渐在枝干表面出现病斑，此时病斑正处于扩展始期，危害小，是治疗病斑的最佳时机。因此，从2月下旬开始，要对全园进行一次认真的检查，发现病斑立即处理，做到早发现，早治疗，达到治早、治小、治了，并常年坚持，腐烂病的刮除见图4-23、图4-24。

刮治时，在树下铺一块塑料布收集刮落的病皮组织。刮治病斑，要彻底干净，将病皮坏死、腐烂组织彻底刮净，并刮掉病健交界处5～10 mm的健康组织，深达木质部。将病斑刮成近棱形，边缘切成齐茬，刀要锋利，刀口要光滑，这样有利于病斑的愈合。刮过的病斑要及时涂药消毒，杀死病部残留病菌，涂药的范围要大于伤口1～2 cm。第一次涂药后7～10 d，进行第二次涂药，30～35 d后再涂一次。对于以前刮治好的老病斑（图4-25），要复查涂药，以防复发。药剂涂抹可以选择843康复剂原液、腐必清5倍液、农大120水剂10倍液、9281水剂3～4倍液等。同时刮除老翘皮、粗皮，人工剪除白粉病病芽、病梢和卷叶虫苞。注意刮治后一定要把刮掉的带病菌组织带到园外集中烧毁或者深埋。

图4-22　腐烂病症状

图4-23　腐烂病的刮除

图4-24　刮治腐烂病

图4-25 腐烂病治愈状

图4-26 轮纹病症状

（2）剖治轮纹病 轮纹病主要为害枝干，其主要症状是形成病斑裂缝呈轮纹状的瘤状坏死斑。枝干上病斑多时，导致树皮粗糙，故俗称“粗皮病”，见图4-26。病情严重时造成树势衰弱或枝干死亡，甚至果园毁灭。在春季萌芽前刮除病皮，而后涂抹腐必清2～3倍液，5%菌毒清水剂30～50倍液，843康复剂5～10倍液，5 °Bé石硫合剂。或者喷洒70%甲基托布津可湿性粉剂100倍液，50%多菌灵可湿性粉剂100倍液，5%菌毒清水剂50～100倍液，5 °Bé石硫合剂等药剂。也可于每年3月下旬和10月下旬喷或涂5 °Bé石硫合剂∶硅石粉剂 = 100∶4药液，第1次用药前刮除木栓化病斑。

土壤中锰含量过剩会造成粗皮病，是生理病害。试验结果表明，土壤中锰含量在500 mg/kg左右时易发生枝干粗皮病，叶片失绿，生物产量与对照比，锰含量500 mg/kg低29.0%（极显著），锰含量700 mg/kg低55.9%（极显著），锰含量900 mg/kg后期大部分树死亡。锰过剩引起的粗皮病初期病瘤从里向外呈块状或豆斑状，似水泡，为原皮色，光滑。锰过剩引起粗皮病中期病瘤表皮破裂，病瘤变褐。锰过剩引起粗皮病后期多数病瘤连为一体，连片处从上向下发生纵裂，叶表现失绿，见图4-27。在土壤酸性的果园，尤其是pH 5.5以下及连降大雨后的土壤，易还原锰达350 mg/kg以上的，施钙1 000 mg/kg左右或施硅400 mg/kg左右可预防生理粗皮病的发生。叶片出现黄化时，土壤施钙1 500～2 000 mg/kg或施硅400 mg/kg可有效控制粗皮病发生。枝干出现粗皮病病斑时，土壤施钙应不低于2 500 mg/kg才能控制生理粗皮病不再发展。

图4-27　粗皮病症状

图4-28　早春萌芽前喷洒石硫合剂

图4-29　附着石硫合剂的枝芽

2. 早春药剂防治

石灰硫磺合剂简称石硫合剂，具有杀菌、杀虫和杀螨的作用。可防治休眠期的越冬虫卵、梨圆蚧、球坚蚧和各种病菌以及防治生长期的螨类、白粉病等。可在苹果萌芽前的4月上中旬，喷1次5～7 ºBé石硫合剂，见图4-28，枝芽附着石硫合剂见图4-29。

二、萌芽开花期如何进行管理？

（一）春季修剪

1. 花前复剪

苹果花前复剪可以节省大量的营养供给开花、坐果。时间应掌握在能够辨认出花芽、叶芽，即萌动期到现蕾期，甚至到初花期。过早，花、叶芽辨认困难，无法正确修剪；过晚，会消耗大量营养，削弱生长势，效果不佳。苹果树的花芽是混合花芽，按其着生位置可分为顶花芽和腋花芽两种，顶花芽见图4-30。苹果通常以顶花芽为主，也有些品种（如鸡心果、红玉、迎秋、祝光、富士、寒富等）腋花芽也占一定比例。

苹果树的结果枝可分为4种：5 cm以内的称为短果枝；5～15 cm的称为中果枝；15～30 cm的称为长果枝。在叶腋内着生花芽的称为腋花芽果枝。大多数品种以短果枝结果为主，各年龄时期不同果枝比例有变化。初果期一般生长较旺，中、长果枝结果比例较大，盛果期后，则多以短果枝结果为主。中长果枝更有利于果实圆整，利用果台副梢形成的连年结果状态见图4-31。

复剪时可疏除密生和瘦弱花芽。复剪的顺序可根据品种发芽早晚、树龄大小、树势强弱、花量大小安排先后顺序。一般是先剪老树和成龄树，后剪幼树和初结果树；先剪花量大的树，后剪花量小的树。对于生长势偏弱、花量过大的大年树，要做到因树定产，因枝定花，适当调整树体负载量。

图4-30　顶花芽

图4-31　中长结果枝果台副梢形成的连年结果状态

2. 幼旺树延迟修剪

主要目的是削弱幼旺树生长势，提高萌芽率和发枝力，使其转为结果。具体方法是冬剪时对各骨干枝按要求适度短截，其余旺枝一律不动，待发芽期顶端芽萌发后再进行修剪。此法对于过旺幼树，如红星、富士等效果十分显著。经延迟修剪的枝条，能够大量分生短枝，先端强旺生长势被削弱，由强转中庸后，有利于提早结果。延迟修剪对树势削弱较大，不可连年使用。

3. 刻伤和环割

刻伤（又称刻芽）就是在芽的上方0.5～1 cm处，用钢锯条或刻芽器横割皮层深达木质部而形成切口，芽上刻伤能促进该芽萌发，旺盛生长，见图4-32。芽下刻伤则抑制其生长。

环割是在枝干上用刀剪或锯环切1圈，只割伤皮层，不伤及木质部。有的红富士旺树，环割1次，促花效果不明显，为加强效果，可于1周后在距原环割部10～20 cm处再割1圈，或采用多道环割，即在枝条上每隔一定距离环切1圈，促花效果比较明显。生产上当年生枝用钢锯条，多年生枝用手锯效果较好。目前日本产的刻芽器使用效果更好，见图3-33。

二维码4-1　刻芽

4. 抹芽与除萌

在嫩芽露出不久，用手抹除掉新定植幼树整形带以下的芽和拉平枝背上萌发的芽，可减少养分消耗，有利于骨干枝的培养。除萌是将剪锯口或主干上发出的几厘米长萌蘖，用手掰除或剪除，可减少营养消耗，有利于上部枝条的生长发育。

二维码4-2　抹芽

图4-32　刻芽效果

图4-33　刻芽器

图4-34　环剥

5. 环剥

将果树枝干的韧皮部剥去1圈，见图4-34。5月下旬至6月下旬对生长强旺、结果少的辅养枝和大枝组的下部进行环剥，可阻碍环剥口上部有机营养物质下运，从而积累营养促进成花。花后环剥，还可暂时切断有机物质的向下运输，使剥口以上部分积累光合产物，有利于坐果。其作用大小与环剥宽度、深度、时间及枝条生长状况有关。对元帅系等品种，因刀口过深或因树皮愈合能力差，常有死枝、死树现象。为此，剥后要用报纸缠包，以利愈合。

中国农科院果树研究所对三年生强旺国光轻剪缓放配合萌后短截、环割、开角，促发大量早期封顶枝，6月再配合环剥，当年成花，翌年结果。对超长枝过多的树则连剥两次，成花结果均较少。

应用环剥技术应注意四点：第一，环剥的对象必须是营养生长旺盛的果树、辅养枝或枝组。同时要求环剥前树体水分必须充足（入刀后，树液随刀口很快渗出）。第二，严格掌握环剥宽度和深度。环剥深度以木质部为界，宽度一般为枝干直径的1/10。直立旺枝可适当加宽，但不得超过1 cm，以20～30 d内环剥口能愈合最好。第三，要根据目的选择最佳时期。促进花芽分化，应在新梢旺长期环剥；提高坐果率则应在花期环剥。第四，环剥后注意消毒和保护环剥口，以防止腐烂病菌及害虫侵害树皮。剥后不得用手或器物去摸碰伤口，并立即用报纸将伤口包住，一般7 d后撕去报纸。

（二）疏花

当日均温达8 ℃以上时，苹果花芽即开始萌动，当日均温达15 ℃以上时，开始开花。科学计算日均温的方法是8时、14时、20时、2时的气温平均值。也有用每天中最高、最低气温的平均值估算的。

图4-35　伞形花序

苹果树萌芽开花经历的时间，一般随品种，环境条件而不同。物候期早晚受气候（主要是温度）影响较大。一般从萌芽到开花需40 d左右。苹果为伞形花序，在一个花序中，中心花先开，坐果较好，见图4-35。苹果单花的寿命约为2～6 d，一个花序5～6朵全部开完需6～8 d，一株树开完需8～12 d。生产上以单株为标准，调查苹果开花的物候期。全树有5%的花开放为初花期，25%～75%的花开放为盛花期。

进入开花期的早晚还因品种、树龄、结果枝的类型和花芽质量而异。同一地区内祝光、印度等开花较早，国光最晚，其他品种花期在两者之间。同地区的成龄树比幼树开花早，生长健壮树比弱树和虚旺树开花早。同树上不同果枝开花始期也不同。短果枝最早，中、长果枝较晚，而腋花芽开得最晚。同一树上，早开的花，花器质量好，坐果率高，果实发育也好。

苹果疏花在花蕾分离至开花前进行。在品种坐果率高和花期条件好时，可用人工法疏花，以花定果法见图4-36。做法是：根据树势、品种、花量等，按20～25 cm（果型越大、间距越远）的间距选留1个位置适宜的花序，在花蕾分离期，每个花序留中心花和1～2朵边花。其优点是节约大量贮藏营养，提高花朵坐果率到95%以上，一级和特级果率达85%以上，果品质量明显提高；疏花操作视线清楚、省工，进度快，一步到位，不易遗漏，免去疏果的重复劳动。

温馨提示

此法必备下列条件：园内授粉树配置合理并有足够的蜜蜂、壁蜂授粉条件或进行人工点授花粉；树势健壮，花芽饱满，花器正常，无低温伤害和病虫害；冬季细致修剪，花、叶芽比合理，枝组中庸、健壮。

图 4-36 疏花

图 4-37 蜜蜂授粉

（三）花粉采集与授粉

在苹果开花过程中，一般花的柱头有效授粉期为4 d左右，而最适期为花开后2 d。花粉发芽的适宜温度一般为10～20 ℃，花粉管生长的适宜温度为15～25 ℃。在常温下花粉管需48～72 h通过花柱达到胚囊。完成受精作用需1～2 d。阴雨、潮湿、低温、大风等天气会造成花粉很快失去活力，不利于授粉受精。

苹果授粉一般采用昆虫授粉、人工辅助授粉或化学调控等措施，以确保花期授粉，提高坐果率。大风天气不利于昆虫活动。一般蜜蜂的活动要求是15 ℃以上温度，见图4-37。低温对苹果花的授粉不利。使用壁蜂会对此有所改观。它的飞行活动要求温度为12～14 ℃，早晨7点左右当气温达到11.5 ℃时雌蜂即开始退出巢管，调转身体，待气温达到12 ℃时开始一天的工作。

1. 蜜蜂传粉

通常在开花前安置蜂箱，每0.3～0.5 hm^2放1箱蜂。每箱蜂约有8 000只蜜蜂。其授粉范围为40～80 m。蜂群间距为100～150 m。密植园最好每行或隔几行放置。蜂种宜选用耐低温、抗逆性强的中华小蜜蜂。

2. 壁蜂授粉

壁蜂一年一代，以成虫在管内越冬。管外生存25～40 d，飞行半径30 m，日访花4 000朵，是蜜蜂的80倍。它的生命活动以繁殖后代为目的，以采集花粉作为繁殖后代的营养（由卵孵化为成蜂），每个蜂可产卵20粒左右。壁蜂授粉当前在日本、美国及欧洲各国应用比较普遍，它完全可以取代人工授粉，免除人工授粉的繁重劳动，节约劳动成本，但前提是果园建园时需配置好授粉树。具体做法有以下几个方面。

（1）巢管制作 选内径0.6～0.8 cm的芦苇截成16～20 cm的苇管或用纸卷成内径为0.6～0.8 cm，长16 cm的纸管。对于纸管，最好涂上不同的颜色，以利于壁蜂回巢时定位，见图4-38。每50支或100支捆成一捆备用，纸管一端用黏土封口。可重复利用的组合巢管见图4-39。

（2）巢箱的制作 可取木箱、纸箱、空心砖、水桶等做巢箱，其作用是固定巢管、防风挡雨。

（3）田间设巢 在苹果开花前将制作好的巢管放入巢箱中，每箱装200～300根巢管，在果园中按20～30 m的距离设巢，巢箱用“T”形木制支架支撑，巢箱上覆盖塑料膜防雨。要求巢箱距地面40～55 cm，巢管口朝南或朝南偏西（果园一天当中光照时间较长的方向）。设巢处避风向阳，地势开阔。巢箱放好后，在“T”形支架近地面处涂上一圈约5 cm宽的机油，用来防止蚂

图4-38 不同颜色巢管

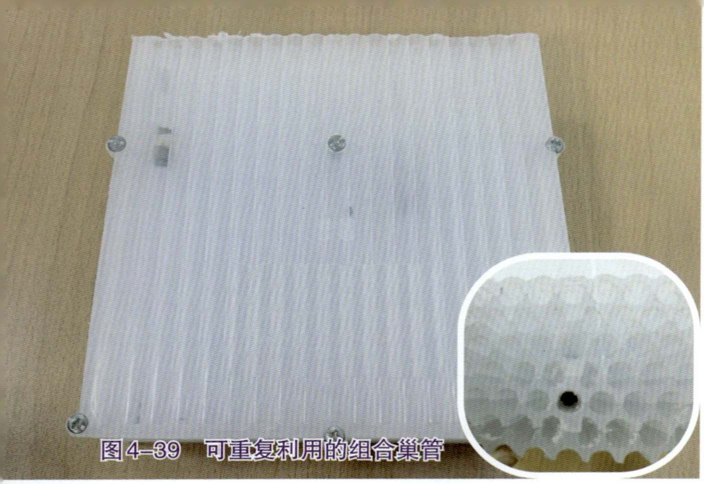

图4-39　可重复利用的组合巢管

图4-40　田间设巢

图4-41　蜂巢前泥坑

蚁等可能影响壁蜂繁殖的昆虫，见图4-40。

（4）壁蜂释放　在果树开花前7 d，一次性将所需壁蜂释放，也可分次进行释放。放蜂数量为200～300头/亩（第一次放蜂的果园应达到500头），对于管理精细、疏花工作实行较好的果园，放蜂数量可适当减少，达到150～200头/亩即可。将所需蜂茧装入空易拉罐或小纸盒中（上面开洞）放入蜂巢中即可。如壁蜂在释放前已破茧，则应在晚上8～10点送到蜂巢中，第二天壁蜂可正常出巢，授粉。

（5）壁蜂活动期间的田间管理　在果园设巢的同时在巢前1.5～2 m处挖一个土坑，内铺不漏水的塑料膜，里面放入黏土，然后加入适量水，以备壁蜂取土封巢时用，见图4-41。在壁蜂活动期间，每天早晚向坑中加入适量清水，并在泥面上用直径1 cm的树枝，随意扎一些小孔，以吸引壁蜂进入其中取土筑巢。在壁蜂活动期间要做好壁蜂的管护工作，做好防虫防雨，同时采用人工捕杀的方法消灭在壁蜂巢箱附近的土蜂，防止其危害壁蜂。

（6）壁蜂的回收与贮存 在果园花期已过，壁蜂授粉结束后即可取回蜂巢，回收巢管，要求运输巢箱及巢管的过程中不许使用机动车辆，要采取人工搬运的方式进行，防止由于剧烈震动影响壁蜂的生长发育。壁蜂巢管运回家后要装入清洁透气的布袋或编织袋中，并挂于阴凉通风的空闲房间内。注意不能与农药、化肥以及粮食放在一起。常温下贮存到翌年2月份（即春节期间），利用农闲时间剥巢取茧（图4-42、图4-43），蜂茧放入冰箱冷藏，同时将蜂茧中的寄生蜂茧挑出并烧掉，翌年开花前再将壁蜂释放，一次投资，多年受益。花期放蜂期间严禁喷施农药。

图4-42　剖开蜂管

图4-43　蜂茧

3. 人工辅助授粉

人工辅助授粉是保证苹果花期授粉最有效也是最可靠的技术。人工授粉在苹果初花期到盛花期进行。因此首先要根据历年开花物候期和当年春季温度变化情况预测当年花期，做出计划。然后按计划采集授粉树花朵，制备花粉。最后按时进行授粉。

（1）花蕾的采集 花蕾应在预定授粉前2～3 d，选择晴天或阴天早上露水干后至中午12时前采集。采集的对象主要是铃铛花期或初开的花朵，因为此期花粉含量高，花粉发芽率也高，见图4-44。采花量根据授粉面积确定。如每10 kg苹果鲜花能出1 kg鲜花药；每5 kg鲜花药在阴干后能出1 kg干花粉（含干的花粉壳），可供2～3.33 hm^2果园使用。

（2）取花药 采下的鲜花要立即取花药，不能堆放。可在室内用镊子剥或两花对搓，见图4-45、图4-46，将花药取下，去除碎花瓣、花丝及杂物。或者是在室内将花蕾倒入细铁丝筛中，用手轻轻揉搓，见图4-47。将花药搓掉后用簸箕簸一遍，去掉杂质。当花朵量较大时可以利用脱药机剥取花药。

（3）阴干散粉 取下花药后将其薄薄的（以各花药不重叠为最好）摊在

图4-44 花蕾采集

图4-45 用镊子剥取花药

图4-46 两花对搓取花药

图4-47 用筛子搓取花药

光洁的纸上，放在通风、室温20～25 ℃（不得超过30 ℃，否则易使花粉灼伤），相对湿度60%～80%的房内。若室温不足，可生火炉提高温度。每天翻动2～3次，经24～48 h后，花药即可自行开裂，散出黄色的花粉粒，将带花药壳花粉装入研钵中研磨（图4-48），过筛后将花粉装入棕色小玻璃瓶，放入冰箱中备用。也可连同花药壳一起收集保存在干燥的容器内放于避光的地方备用。除阴干取粉外，还可利用火炕增温烘干取粉或是温箱烘干取粉。

图4–48 研磨取粉

图4–49 稀释花粉

（4）人工授粉 人工辅助授粉以多品种的混合花粉较好。授粉以花朵开花当天授粉坐果率最高。一般在上午9时至下午4时之间进行。由于花朵常分期开放，要注意分期授粉，一般在初花期和盛花期进行两次授粉效果较好。

人工辅助授粉常用的方法有人工点授、花粉袋授粉、鸡毛掸子授粉、液体授粉和机械喷粉等。

①人工点授。应用较广。为了节省花粉的用量，授粉前，应根据花粉的发芽率加以稀释，因为发芽率为20%的花粉即可满足授粉需求。常用的稀释量为1：2（花粉1份，稀释剂2份），见图4-49。稀释剂为滑石粉、甘薯淀粉、玉米淀粉等。人工点授常用的授粉工具有毛笔、带橡皮头的铅笔、香烟的过滤嘴、自行车气门芯反叠插在钢钉上、鸡毛掸子等，见图4-50，也有用铁丝做上方便握住的把手，再套上气门芯，见图4-51。授粉时将蘸有花粉的授粉器，在初开花的柱头上轻轻点，使花粉沾在柱头上即可。每蘸一次，可授苹果花7～10朵，每个花序可授花2～3朵，见图4-52。

②花粉袋授粉。将采集的花粉加入3～5倍滑石粉或食用淀粉，过细箩3～4

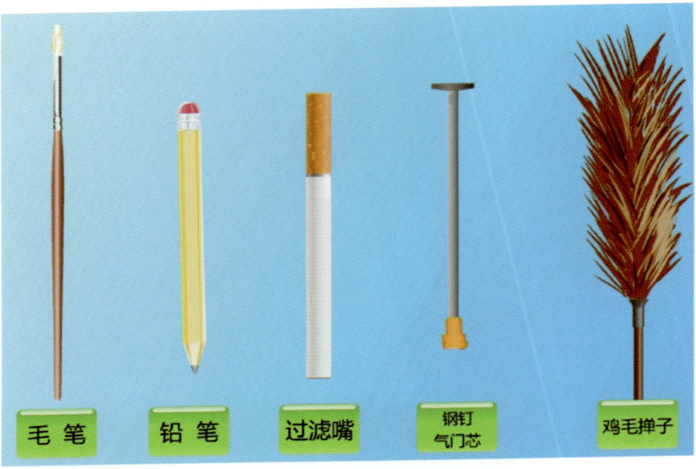

图4-50　人工辅助授粉工具

图4-51　用铁丝和气门芯自制人工授粉器

图4-52　点授花粉

次，使滑石粉（淀粉）与花粉混匀，装入双层纱布袋内。开花时，将花粉袋绑于竹竿上，在树冠上方顺风轻轻摇动花粉袋，使花粉均匀地撒落在花朵柱头上。

③鸡毛掸子授粉。当授粉树较多、分布不均匀、主栽品种花量少时应用。具体做法是当主栽品种花朵开放时，用竹竿绑上鸡毛掸子（软毛的），先用掸子在授粉树上滚动沾取花粉，然后再移至主栽品种花朵上滚动，这样反复进行完成相互授粉。此法在阴雨、大风天不宜使用。在用鸡毛掸子授粉时，主栽品种与授粉品种距离不能过远。掸子沾粉后，不要猛烈振动或急速摆动，以防花粉失落。授粉时，要在全树上下、内外均匀进行，以确保坐果均匀。

④液体授粉。当果园面积较大时，为了节省劳力，采用的一种授粉方法。进行时取筛好的细花粉20～25 g，加入10 L纯净水，500 g白糖，30 g尿素，10 g硼砂，配成悬浮液，在全树花朵开放60%以上时，用喷雾器向柱头上喷布。注意花粉悬浮液要随配随用。

⑤机械喷粉。一般可用农用喷粉器或特制的授粉枪进行。机械喷粉稀释量为1∶250。要手持摇把摇动，用力要匀，不得过快、过慢、过猛。喷粉时要顺风进行，使花粉均匀的落到柱头上。喷粉机与花的距离，视其喷粉中不使花序摇摆、又稍有吹动为宜。

4. 化学调控

生产上可使用生长调节剂、矿质元素等化学控制技术，促进授粉受精，提高坐果率。如花期喷0.1%～0.3%的硼砂溶液、喷高桩素或普洛马林500～800倍液，中庸树、弱树花后喷0.3%尿素均可提高坐果率。PBO也有类似的作用。

（四）土肥水管理

（1）花后追肥 每亩果园施硫酸钾30～40 kg、磷酸二铵15～20 kg、尿素10～15 kg，追肥后浇水。

（2）补钙 花后每7～10 d喷一次300倍氨基酸钙或速效钙，连喷2～3次。

（五）病虫害防治

若萌芽前果园未喷施石硫合剂，萌芽后至花芽开绽前可使用2～3 ºBé石硫合剂喷布。剪除干枯枝、白粉病梢。白粉病见图4-53、绣线菊蚜见图4-54、苹毛丽金龟见图4-55，果实轮纹病见图4-56。对金龟子可利用其假死习性清晨人工捕杀。萌芽开花期主要病虫害及防治见表4-1。

图4-53　白粉病

图4-54　绣线菊蚜

图4-55　苹毛丽金龟

图4-56　果实轮纹病

表 4-1　苹果萌芽开花期主要病虫害防治历

防治对象	防治要点
腐烂病、干腐病、轮纹病	①继续刮治腐烂病，除涂康复剂、治腐灵等药剂外，还可以涂 30% 龙灯福连（戊唑·多菌灵）悬浮剂 200 倍；②落花后 7～10 d，喷 30% 龙灯福连（戊唑·多菌灵）悬浮剂 1 000～2 000 倍液、70% 甲基托布津（甲基硫菌灵）可湿性粉剂 1 000～2 000 倍液、80% 代森锰锌可湿性粉剂 800～1 000 倍液、50% 多菌灵可湿性粉剂 600～800 倍液等防治。
白粉病、锈病、花腐病、霉心病	开花前后各喷药 1 次，常用药剂 30% 龙灯福连（戊唑·多菌灵）悬浮剂 1 000～1 200 倍液、25% 欧利思（戊唑醇）水乳剂 2 000～2 500 倍、70% 甲基托布津（甲基硫菌灵）可湿性粉剂 1 000～1 200 倍液、40% 腈菌唑可湿性粉剂 6 000～8 000 倍液、10% 苯醚甲环唑水分散粒剂 2 500～3 000 倍液等。
螨类	一般果园花后喷药 1 次，在害螨数量快速增长期再喷一次，常用药剂 15% 哒螨灵乳油 1 500～2 000 倍液、5% 尼索朗（噻螨酮）乳油或可湿性粉剂 1 500～2 000 倍液、20% 四螨嗪可湿性粉剂 1 500～2 000 倍液、20% 三唑锡悬浮剂 1 000～1 500 倍液等。

续表 4-1

防治对象	防治要点
蚜虫类	用 50% 抗蚜威可湿性粉剂 3 000～4 000 倍液、10% 吡虫啉可湿性粉剂 3 000～5 000 倍液、35% 硫丹乳油 3 000～4 000 倍液、10% 顺式氯氰菊酯乳油 3 000～4 000 倍液等喷雾防治。
桃小食心虫	① 5 月中下旬果园下透雨或灌透水后地面喷施 48% 顶勇（毒死蜱）乳油或可湿性粉剂 300～500 倍，然后耙松土壤表层；②地上测报卵果率达 0.5%～1% 时喷果防治，常用药剂有 48% 顶勇（毒死蜱）乳油 1 200～1 500 倍液、90% 龙灯快灵（灭多威）可湿性粉剂 3 000～4 000 倍液、2.5% 高效氯氰菊酯 1 500～2 000 倍液等。
斑点落叶病	①套袋前用 80% 喷克、80% 大生 M-45 可湿性粉剂、75% 百菌清可湿性粉剂 800 倍液、70% 代森锰锌可湿性粉剂 400～600 倍液、40% 氟硅唑乳油 6 000～8 000 倍液、50% 异菌脲可湿性粉剂 2 000 倍液等喷雾防治；②套袋后用比例为 1∶2∶200 波尔多液、10% 多抗霉素可湿性粉剂 1 000～1 500 倍液等防治。
卷叶虫、食叶类害虫等	①喷药防治，常用药剂：48% 顶勇（毒死蜱）乳油或可湿性粉剂 1 200～1 500 倍液、4.5% 天龙宝（高效氯氰菊酯）乳油或水乳剂 1 500～2 000 倍液、2.5% 溴氰菊酯乳油 3 000 倍液、50% 杀螟松乳油 1 000 倍液、25% 灭幼脲可湿性粉剂 1 000～1 500 倍液等；②用黑光灯进行诱杀；③利用性信息素诱芯进行诱杀，每亩果园挂 4～6 个诱捕器，诱杀雄蛾。

三、坐果与果实发育期如何进行管理？

（一）夏季修剪

夏季，树体严重郁闭时，夏剪可以改善通风透光条件。通过修剪要求做到生长季时对面讲话能见人，树底下有光斑。品种不同萌芽力与成枝力也不同，富士、嘎啦等品种萌芽力和成枝力均强，抽枝多，整形容易，但树冠易郁闭，修剪时要多疏少截。寒富、国光等品种萌芽力弱，成枝力强，枝条易光秃，需进行刻伤促芽。短枝型品种萌芽力强，成枝力弱，树冠紧凑，光照良好，整形修剪较容易。具体修剪方法有以下 6 种。

1. 疏梢

从 5 月上中旬萌芽后抹芽至 6 月中下旬疏枝均可，主要对象是剪锯口周围萌生的密挤的强旺枝，对易冒条的“元帅”苹果更应如此；对延长头周围出现的新梢保留 1～2 个分枝，过多应尽量疏除，见图 4-57；对于辅养枝和长放枝组

图4-57　疏梢

图4-58　剪梢

图4-59　背上枝扭梢形成的长果枝

都应跑单头，不留大分枝，较强的当年分枝一般应尽早疏除或扭梢，促使下部中短枝充实饱满和成花。

2. 摘心与剪梢

6—8月份，当主枝、拉平枝背上的直立梢和有一定空间的徒长梢或竞争梢长到25～30 cm时摘心，并连续摘心1～2次，可培养枝组、形成花芽；也可对长度在20～30 cm竞争枝、强旺枝、直立枝进行剪梢，剪去10～15 cm，促发副梢，见图4-58。5月末至6月初，对果台副梢留6～8片叶摘心可促进坐果，提高果实品质，培养小型枝组；对秋梢进行基部摘心，可促进形成中、短枝，控制长梢；对竞争枝、直立枝摘心，可改造为枝组，有利于成花。

3. 扭梢

5月下旬至6月上、中旬，对直立梢、竞争梢、强旺梢进行扭梢。背上枝扭梢可形成长果枝，见图4-59。

4. 拿枝

也叫捋枝，是在7—8月份新梢木质化时，将其从基部拿弯成水平或下垂状态。生产上常在萌芽前对一些过粗、过强的大枝，在枝条基部的下方用锯拉出枝条直径1/3～1/2深的切口，以减缓其生长势，促花结果，调整枝干比，果农称之为“关阀门”。

5. 拉枝

拉枝是果树整形修剪过程中经常采用的方法之一，许多欧美国家在采用IFP（Integrated Fruit Production）果园管理制度时把拉枝这项技术作为其主要的整形修剪技术。水果综合生产制度（IFP）是指在生产优质水果获取经济效益的同时，能够最大限度地保护人类健康和生态环境的生产方式。这种生产方式优先采取自然措施以尽可能地减少农业化学物质的使用。

拉枝时间为春末、秋初，即每年3—4月份、8—9月份，对径粗3～8 cm的枝条拉枝。一是可以用布绳拉枝，见图4-60；二是可以用杈枝顶住中心干，用双手逐渐用力向下拉枝，支柱枝条受力位置，见图4-61；三是可用“连三锯”拉枝，面对主干，双手抓住所拉枝条向上用力推，靠近主干3～5次，缩小基角，再用力向左、右各弯2～4次，而后再向上、右、下、左做小幅度的圆周转动2～3周，最后再拉到要开张的角度。对径粗超过8 cm的枝，可用手锯在所拉枝基部弯曲受力点处，锯1～3条锯口。锯口深不超过枝粗的1/3，两锯口间隔

图4-60 拉枝

图4-61　拉枝－撑枝

2～3 cm，对过粗过硬的枝可间隔1 cm左右，两锯口向中间倾斜交叉，去掉中间锯去楔形的枝段（深度控制在枝粗的1/3以内），拉枝后锯口应能挤对在一起，便于愈合，然后用双手抓紧枝向下反复拉5～7次达到所需要的角度，拉绳固定。拉枝后要及时对锯的伤口进行包扎护理。

6. 生长调节剂应用

在5月下旬或8月中旬，对生长旺盛的果树，喷布250倍PBO，可抑制新梢生长，促进花芽分化。通过抑制旺长，使光合产物用于果实生长和营养积累，还有利于果实增红。

（二）疏果

1. 确定目标产量

苹果生产能力既取决于果园光能利用率、叶面积系数及纬度气候等因素，也受到提高果实品质的限制，尤其是在目前果品市场竞争激烈的情况下，限产增质、单果管理已经成为增收增效的主要技术措施。根据目前我国苹果产区的综合条件，苹果产量以2 000～3 000 kg/亩为宜，最多不超过4 000 kg/亩。疏除方案要根据果园的实际条件，确定具体的目标产量。

2. 决定疏除方法

由于疏花疏果季节性强，传统的人工疏花疏果方法费工费时，在短时间内完成需大量的劳动力，在单户经营面积较大果园时，很难做到。与之相比化学疏花疏果技术虽然可以减轻劳动强度，降低生产成本，但住往会不同程度地对果实产生不良影响。韩国国立安东大学Ik-Jo CHUN教授经过十几年的研究和开发，并于2008年发明了亲环境苹果疏花剂“Eco-Huang”（专利号10-2010-0034600）（图4-62），创造性地解决了对人、畜以及对传粉昆虫无毒无害，对环境无污染；利用不同品种苹果树开花的时间差选择喷药时期和浓度，保证了中心花正常结果，有效地控制了侧花和腋花结果，创立了选择性化学疏花的技术。郑虎哲等（2012）试验结果表明在嘎拉、美国八号盛花期喷施一次150倍“Eco-Huang”疏花效果显著。化学疏除效果因受品种敏感性、树势、用药绝对剂量、气候条件、喷布时期等因素影响，准确性和安全性稍差。一般只作为人工疏除的辅助手段，完成必要疏除量的1/4～1/3，生产上主要采用人工疏除法。

图4-62 “Eco-Huang”疏花剂

3. 选择疏除时期

适宜的疏果时期主要取决于安全准确和节约养分两个互相矛盾的因素。从节约养分考虑，疏花优于疏果，疏花芽优于疏花，但疏除越早，安全准确性越差。因此在保证安全、有效、准确的前提下，应适当早疏。疏果时期一般是在谢花后10 d，大约在5月中旬进行第一次疏果，去除果

图4-63 疏果

图4-64　下垂果生长状

形不正、虫果和梢头果，保留中心果，见图4-63；谢花后4～5周，时间在6月上中旬，进行第二次疏果，即定果。此次果实应选留下垂状态果和侧生果枝弯曲下垂果（图4-64），果形要端正、高桩、无病虫为害、果肩平整、果柄长。要疏除小果、偏斜果、扁果、畸形果、肉质柄果、朝天果、背上果、病虫果、伤果等，再按树定产，确定留果量。

4. 确定单株负载量

根据果园目标产量和苹果树的具体生长情况，确定每株树的产量和留果数。生产上可采用干周法确立全树留果量，利用距离法具体进行调整和疏除。干周法利用的公式为单株适宜留果数（Y）=0.2×干周^2（cm）加上15%～20%的安全系数。若一株苹果树干周为20 cm，安全系数20%，则单株适宜留果数（Y）=0.2×20^2=80（个），80+80×20%=96（个）。苹果果间距及留果方法标准见表4-2。

表 4-2　苹果果间距及留果方法

项目	乔化砧树		矮化中间砧树及短枝型树	
果实类型	中型果	大型果	中型果	大型果
果间距 /cm	15～25	20～30	15～20	20～25
留果方法	留单果为主，结合留双果为辅	留单果	留单果	留单果

注：大型果横径≥65 mm，中型果横径≥60 mm，小型果横径≥55 mm。

5. 疏果措施

（1）按叶果比疏果　矮化砧、短枝型苹果，叶片同化能力强，叶果比为40∶1；一般乔化砧普通型苹果大型果，如富士系叶果比为60∶1。

（2）按顶芽数留果　小型果的国光、粉红女士等品种3个顶芽留1个果。大型果富士、乔纳金等4个顶芽留1个果。

（3）按距离留果　对于大型果，留果距离要大，反之则小。一般富士系等大型果留果距离为20～25 cm，小型果粉红女士等为15～20 cm。疏果后的状态见图4-65。

上述方法中按距离留果比较常用。疏果的顺序是先上部后下部，先内膛后

图 4-65　苹果垂帘式结果疏果后果实状态

外围。为防止漏疏，可按枝条自然分布顺序由上而下，每枝从里到外进行；就一个果园而言，应根据品种开花早晚、坐果率高低，先疏开花早、坐果率低的品种，通常可按元帅系、乔纳金系、津轻系、金冠系、富士系等品种依次进行；同一品种内，先疏大树、弱树和花果量多的树。

全树疏除工作结束后，应绕树一周仔细检查，核对全树留果总量，漏疏部分应及时进行补疏。

（三）套袋

果实套袋除了可以预防果实病虫害、促进果实着色、改善果实风味、防止果面污染、降低农药残留，保障果品食用安全，还可以防止裂果、便于分期采收、提高果实的耐贮运性能。

1. 果袋的选择

依据品种特性选择果袋类型，按照市场要求确定果袋档次，各类果袋见图4-66。首先，考虑品种特性，红富士系品种为较难着色的红色品种，要求着色面大，着色均匀，色调鲜艳，果面光洁，一般选择双层纸袋或者塑膜果袋；元帅系品种可选择遮光单层袋或低档双层袋；其次，考虑苹果的市场定位，如生产高档果应选择外黑内红离体双层袋；最后，考虑果园的环境条件。如同样是红富士，在海拔高、温差大、光照强的地区，采用遮光单层袋或塑膜袋（图4-67）即可很好着色。

2. 苹果套袋时期的确定

一般黄绿色品种和早、中熟品种在谢花后10～15 d进行；生理落果重的红星、乔纳金等品种，可在生理落果后进行；晚熟红色品种在花后40～50 d完成，辽宁南部一般6月中下旬完成。降雨量多，阴雨天多的年份应在6月25—30日

图4-66　各类果袋

图4-67　塑膜袋

进行，避免发生黑点病、日烧等。

3. 套袋前准备

套袋前严格进行疏花定果，并浇一次水。套袋前3 d喷布800倍黄金钙+2.5%敌杀死乳油1 200倍液+多菌灵可湿性粉剂800倍液。康氏粉蚧为害的果园，可同时加入25%螨蚧克乳油1 500～2 000倍液，要注意选择无刺激性的药剂。

4. 套袋

套袋应选价值较高的品种，选择生长健壮或中庸偏旺、树体结构合理、自然着色较好的树。无灌溉条件及连年环剥主干的弱树结的果不宜套袋；降雨量多，湿度大，地势低洼，土壤黏重的果园也不宜进行套袋，否则黑星病会增多。套袋果园应通过合理修剪使树冠通风透光，结果部位分布均匀；在施足有机肥的基础上增施钙肥、硼肥，因为套袋的红富士缺硼、缺钙容易引起缩果病、苦痘病。

套袋前3～5 d，将整捆果袋用报纸包好，埋入湿土中，湿润袋体使之柔韧，也可在套袋前将整捆纸袋口浸一下水。一般情况下，果实套袋应在天气晴朗的8时至11时和14时至17时进行。套袋操作见图4-68至图4-71。先撑开袋口，托起袋底，使两底角的通气放水口张开，使袋体膨起。手执袋口下部2～3 cm处，套入果实后，从中间向两侧依次按“折扇”的方式折叠袋口，然后将捆扎丝反转90°，沿袋口旋转一周扎紧袋口。果实在袋内悬空，以防止袋体磨擦果面。套袋人员不要用力触摸果面，防止人为造成果面伤害。套袋最好在喷药后7 d内完成，大果园可边喷药边套袋，只要果面药干。为了便于管理，需全树套袋，见图4-72。

图4–68　撑袋

图4-69　套果

图4-70　收口

图4-71　捆扎

图4–72　全树套袋

图4-73　除去外袋

5. 除袋

摘除果袋时间一般在红色中熟及中晚熟品种如新红星、新乔纳金采前10～20 d进行；红色晚熟品种采前20 d左右除袋较为合适；黄绿色品种及塑膜袋可连袋采收，装箱时解袋。具体时间以阴天或多云天气为好。摘袋的方法是，摘除红色内袋的双层纸袋，可先除去外袋（图4-73），过2～3 d后再除去内袋，具体时间在10时至16时进行；摘除黑色内袋的双层纸袋，先将外袋底口撕开，取出内袋，使外袋呈伞状罩于果实上，6～7 d后再摘除外袋；摘除单层袋和内外层连体双层袋时，先在12时前或16时后撕开底部呈一伞形罩于果实（图4-74），或背光面撕破通风4～6 d后再摘袋。

图4-74　撕开袋体底部

（四）土肥水管理

1. 播种夏绿肥

幼树春季未播种绿肥的，可在6月份播种夏绿肥和种植豆类、薯类等间作物，以扩大覆盖率，增加果园收入。

2. 割草

对未覆盖的果园，地面杂草过旺，要及时刈割。此时还可进行翻压春播绿肥。进入7月份以后因长期未降水，气温较高，大气蒸发量较大，要结合天气状况进行浇水，浇水后松土，保证树体正常生长结果。

图4–75　覆草果园

3. 树盘覆盖

进入6—7月份后，对山地、旱地、沙荒地、薄地及季节性盐碱严重的果园，在雨季之前可利用麦收后的麦秸、杂草等覆盖树盘，杂草、麦秸要铡碎覆盖，见图4-75。覆草厚度一般要大于10 cm。覆草前对土壤进行中耕，覆盖后适当拍压并压少量土，以防风吹和火灾。若是来年草源不足，秋施基肥时不要将覆草翻入地下，再覆盖适量的草，3～5年翻一次，然后再覆草。

果园覆盖的好处是防止土壤侵蚀、防止杂草、保持土壤水分、增加土壤的团粒化、供应果树营养、促进微生物增殖、蚯蚓等土壤小动物增加、调节地温、防止养分不足等。但也有缺点，如有机物采购问题、易引起火灾、有害气体为害表层根系和容易误判土壤状态等。果园覆草1 000～1 500 kg/亩，相当增施2 500～3 000 kg优质圈肥。若连续覆草3～4年，则能增厚活土层10～15 cm，覆盖区比对照区有机质含量提高1倍多。据陕西渭南地区测定，7—8月份高温期，秸秆覆盖比裸地土壤含水量增加：20 cm处5%～6%，50 cm处0.9%～3.7%，80 cm处1.37%～3.60%。对于旱作果园和幼龄果园为增温保水、抑制杂草、促进养分释放和果实着色，可采用地膜覆盖。

在甘肃兰州、榆中、永登等高寒干旱地区，在土壤表面覆盖一层夹有卵石的粗砂（一般厚度为7～13 cm），可有效保墒升温，见图4-76。近些年在辽南部分苹果园也应用了砂石覆盖法。它的优点是砂石覆盖层切断了土壤水分上升的毛细管和直接减少表面蒸发及地表径流，使土壤含水量提高1～2倍。白天砂田地温高，晚间低，5 cm土层昼夜温差比一般旱地提高4～6 ℃，有利于有机物制造和积累，从而提高果实产量和品质。还可因砂层高温干燥抑制病虫害发生和杂草生长。铺砂石后，还能防止盐分在表层积聚，防止土壤盐渍化，同时微生物活动强盛，硝态氮和有效磷含量也有所增加。缺点是每年增加一层新沙，会加厚砂层，生产力下降；砂田难于机耕，铺、换砂和施肥等费工费事，有时优质砂源有限，建议局部采用此法。

图4-76　覆砂果园

4. 果园排涝

地下水位较高的果园，当雨季降水过多，地下水位上升到1 m时，即为暗涝，应注意挖沟排水。通常采用起台栽培相对较好。

5. 叶面喷肥

进入5月份以后，苹果树叶片大量形成，丛生叶逐渐增大，叶片中叶绿素含量增加，光合强度增强，苹果短枝或叶丛枝停止生长，形成短枝和短果枝，中长梢生长成为营养中心，幼果进行细胞分裂，数目迅速增多，但体积增大较慢，果实处于缓慢生长时期，树体贮备养分消耗殆尽，达全年生长周期中最低水平，此期为果树营养临界期，容易导致营养不足而出现生理落果。随着叶面积的增加，光合作用加强，春梢加速生长达到高峰，营养源由前期以贮藏营养为主逐步过渡到依靠当年新梢叶片的光合产物为主。苹果处于营养转换期，是树体全年养分最紧张的时期，也是苹果树全年周期中需要氮素最多的时期，将会影响当年的产量。5月下旬，大树花芽出现生理分化，这不仅影响当年的产量，也关系到下年的产量。进入6月份，花芽分化继续进行，同时也是果实膨大的关键时期，多器官交替重叠生长，养分竞争激烈。因此，适时进行叶面喷肥，可以缓解营养供求矛盾，有利于花芽分化和果实膨大，提高产量，改善品质。叶面喷肥可结合树上喷药管理进行，是对果树土壤施肥的补充，其优点是简单易行，用肥量少，发挥肥效快，又能同农药混合，对有些缺素症还可以进行调节预防，全年生长期可多次进行，省工省事。使用方法见表4-3。

表 4-3 苹果的叶面喷肥

时期	种类、浓度	作用	备注
萌芽前	2%～3% 尿素	促进萌芽，提高坐果率	注重上年秋季早期落叶树
	1%～2% 硫酸锌	矫正小叶病	主要用于易缺锌的果园
萌芽后	0.3% 尿素	促进叶片转色，提高坐果率	可连续 2～3 次
	0.3%～0.5% 硫酸锌	矫正小叶病	出现小叶病时应用
花期	0.3%～0.4% 硼砂	提高坐果率	可连喷 2 次
新梢旺长期	0.1%～0.2% 柠檬酸铁	矫正缺铁黄叶病	可连喷 2～3 次
5—6 月份	0.3%～0.4% 硼砂	防治缩果病	花期喷 1 次

续表 4-3

时期	种类、浓度	作用	备注
5—7月份	0.2%～0.5% 硝酸钙	防治苦痘病，改善品质	果实套袋前可连喷3次左右
果实发育后期	0.4%～0.5% 磷酸二氢钾	增加果实含糖量，促进着色	可连喷3～4次，
采收后至落叶前	0.5%～2% 尿素	延缓叶片衰老，提高贮藏营养	连喷3～4次，浓度前低后高，下同
	0.3%～0.5% 硫酸锌	矫正小叶病	主要用于易缺锌的果园
	0.5%～2% 硼砂	矫正缺硼症	主要用于易缺硼的果园

（五）生长调节剂的使用

据范学颜等报道（2002），6月9日和8月9日各喷1次PBO 250倍液，北海道9号苹果可溶性固形物含量提高1.8%，清明苹果提高1.6%，红富士苹果提高4.0%，见表4-4。

表 4-4 PBO 对苹果品质的影响

品种	处理	单果重 /g	可溶性固形物 /%	硬度 /（kg/cm^2）
北海道 9 号	PBO	328	16.5	7.5
	对照	247	14.8	7.5
清明	PBO	306	18.2	8.0
	对照	252	16.6	8.2
红富士	PBO	350	19.0	8.2
	对照	220	15.0	8.0

（六）病虫害防治

此期苹果主产区主要发生的病虫害有轮纹病、黑红点病、蚜虫、金纹细蛾、卷叶虫、红蜘蛛、桃小食心虫等。

1. 杀虫灯诱杀害虫

杀虫灯是利用趋光性诱杀害虫的一种物理防治方法。杀虫机理是运用光、波、色、味4种诱杀方式杀灭害虫。近距离用光，远距离用波，加以黄色外壳和味，引诱害虫飞蛾扑灯，外配以频振高压电网触杀。在杀虫灯下套一只袋子，

图4-77　杀虫灯

内装少量挥发性农药，可对少量未被触杀的蛾子熏杀，从而达到杀灭成虫、降低田间产卵量、减少害虫基数、控制害虫为害果树的目的，见图4-77。一般在4月中旬装灯，10月撤灯，每日21点开灯，次日凌晨4点关灯。每台灯可控制12～15亩果园，经诱杀除虫后，翌年可减少杀虫剂用量50%。

杀虫灯诱杀的苹果害虫的种类和数量很多，何明丽等在辽宁熊岳用杀虫灯诱杀到的常见苹果害虫有5个目，21个科，41个种，12次共收集诱杀害虫762头，鳞翅目和鞘翅目害虫居多，包括苹小卷叶蛾、顶梢卷叶蛾、桃小食心虫、金纹细蛾、枯叶蛾、舞毒蛾、铜绿花金龟、苹毛丽金龟、白星花金龟、云斑天牛、桑天牛、叶蝉和网蝽等。另诱获少量七星瓢虫、异色瓢虫、草岭、姬小蜂、食蚜蝇等天敌。

据调查，金纹细蛾、苹小卷叶蛾和桃小食心虫有较强的趋光性，杀虫灯可有效诱杀其成虫。6月15日至7月5日成虫盛发期诱捕结果表明：诱杀区、常规防治区与空白对照区比较，金纹细蛾虫口减退率分别为31.6%和49.3%，苹小卷叶蛾虫口减退率分别为24.9%和48%，桃小食心虫虫口减退率分别为41.8%和50.5%。

应该注意，杀虫灯对于金纹细蛾等小体型害虫诱引作用较强，但直接捕杀不完全。6月25日至7月5日诱捕监测结果表明：常规防治日平均诱杀金纹细蛾64头，杀虫灯周围日平均诱杀金纹细蛾87头，诱蛾量高出35.9%。说明杀虫灯周围成蛾有明显上升的趋势，即“灯下黑”现象，应注意局部杀灭。杀虫灯虽对果园害虫有捕杀作用，但也把许多其他林木害虫诱引至果园内，又不可能完全杀灭。所以使用杀虫灯的果园害虫种类有增加之嫌，但对果园不会有明显危害。

2. 诱虫带诱虫

诱虫带是一种特殊材质并含有对害虫越冬具有引诱化学物质的特殊结构的瓦棱纸，能有效诱集害虫越冬，利于集中捕杀，降低害虫越冬基数。首先，瓦棱纸选用棉花秆做的纸浆制成，其特点是纤维长、质量轻、韧度好，柔软舒适，保暖好，适宜于害虫越冬；其次，生产过程中在诱虫带瓦棱纸材料中添加了对越冬害虫具有诱引、聚集和催眠作用的醇类化学物质，诱引害虫聚集越冬，害虫一旦进入即很少外逃，并很快进入休眠状态。最后，诱虫带的瓦楞纸是特殊设计的，棱波幅为4.5 mm × 8.5 mm，不同于常见的瓦楞纸，不仅可诱集叶螨类害虫，还适宜诱引康氏粉蚧、黄尾毒蛾、苹小卷叶蛾、小灰象、绵蚜等体型较大的10多种害虫潜藏越冬。

诱虫带使用方法简单易行。使用时把诱虫带对接后用胶带或小钯钉绑裹在树干第一分枝下5～10 cm相对光滑处，诱虫效果最佳，见图4-78。这是因为害虫一般会沿树干下爬寻找合适的越冬场所，第一分枝下是害虫寻找越冬场所的必经之处。即使因诱虫带较短不能够与树干完全对接也不影响效果。这是因为诱虫带生产过程中添加了越冬诱引剂，可诱引害虫钻入诱虫带中越冬。待树体进入休眠期后取下，集中销毁，诱虫效果见图4-79。

何明丽等调查结果显示，一张诱虫带最多可诱虫240多头，最少也有80多头，平均120头。从翌年二斑叶螨消长规律看，盛发期晚出现20 d，且持续时

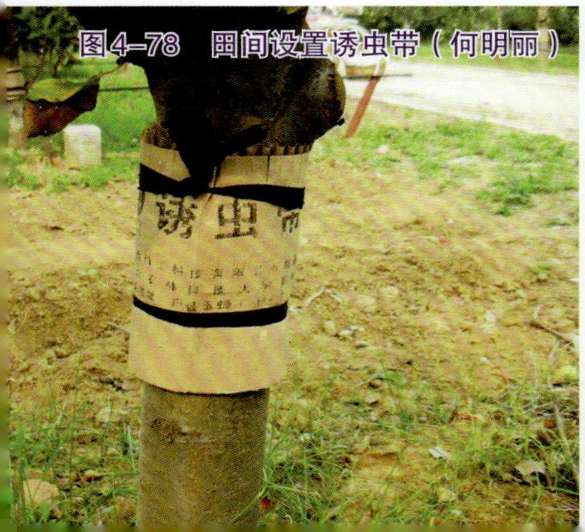

图4-78　田间设置诱虫带（何明丽）

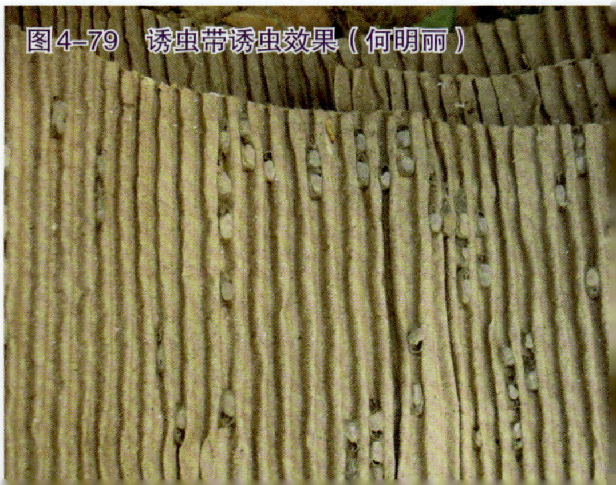
图4-79　诱虫带诱虫效果（何明丽）

间较短。在全年不喷药的条件下，至8月底落叶率空白对照区为34.7%，而常规防治区与诱杀区落叶率分别为10.2%和18.3%，说明瓦楞纸诱虫带对二斑叶螨具有较理想的物理防除作用。但同时仍有部分残存害螨还会对叶片造成一定危害。因此，在害螨高发期，补喷一次杀螨剂，会取得更好的防治效果。

诱虫带也可诱集一些天敌如龟纹瓢虫、草蛉、捕食螨等，销毁前可转移到隐蔽安全处保护利用。

3. 黄板诱蚜

利用苹果有翅蚜虫在迁飞过程中的趋黄色习性，在有翅蚜的迁飞期用涂有粘胶的黄色纸板挂置园间粘捕蚜虫，控制蚜虫的迁飞扩散。黄板区放置黄板50块/亩，呈棋盘式均匀分布，高度与树冠持平，见图4-80。

图4-80 黄板诱蚜

陈汉杰等（2012）为了探索苹果园悬挂黄色粘板诱集昆虫的生态效应，对开花前悬挂的黄板，到6月底麦收后收集样本，调查诱集昆虫种类和数量，发现不同生态条件下果园诱到的昆虫种类和数量差异很大，在果园周围种植有麦田的江苏丰县地区苹果园诱集到昆虫的益害比为1∶0.16；在浅山区的河南省陕县、灵宝市的苹果园，黄板诱集昆虫的益害比分别为1∶2.92和1∶1.46；由此看出，在果园悬挂黄板治虫，要根据环境条件，及时悬挂与摘除。建议不同地区在悬挂黄板前先少量悬挂黄板，检查其上诱集昆虫的种类和数量，根据诱虫情况评价是否使用黄板。在使用黄色粘板时，要注意当地害虫的发生时期，防治蚜虫时要在有翅蚜迁飞前期悬挂，当有翅蚜发生期过后，要及时去除黄板，避免诱集害虫天敌寄生蜂类。

4. 性外激素迷向法

昆虫求偶交配的信息传递依赖于雌虫分泌的性外信息激素。人工合成具有相同作用的衍生物，制成缓释迷向剂（诱芯或迷向丝）置园间对相关害虫进行迷向干扰（也可用于测报），使雄虫对雌虫不能够正常定位，失去求偶交配的机会，减少后代，达到控防目的，见图4-81。目前，已开发并用于生产的种

图4-81　挂性外激素迷向诱芯

类有桃小食心虫、苹果卷叶蛾、金纹细蛾、桃蛀螟、透翅蛾、梨小食心虫等十几种害虫的性外激素制剂。近年又从国外引进上述几种害虫的复合迷向丝，应用效果良好，可减少30%～50%杀虫剂用量。国产诱芯多为胶塞式，含量为500 μg/枚，每亩果园距地面1.5 m左右的树冠内可挂60～80枚，每年更换1～2次，可有效干扰害虫的求偶交配，减少后代。据国外经验总结，迷向法一是要大面积连片使用，二要坚持连年使用。

5. 以虫治虫

利用捕食性昆虫（蜘蛛和螨类）和寄生性昆虫来防治害虫。许多害虫有自己的天敌，如草蛉、小花蝽、瓢虫是螨类、蚜虫及蚧类的天敌；赤眼蜂可控制苹果卷叶虫、梨小食心虫；跳小峰、姬小蜂可寄生金纹细蛾等，见表4-5。为充分发挥天敌的作用，可人工饲养、释放、引进天敌，增加天敌种群数量，达到预期的防治效果。

表4-5　苹果园常见害虫的天敌

害虫	主要天敌
食心虫类	桃小食心虫的天敌主要有桃小甲腹茧蜂、中国齿腿姬蜂；梨小食心虫的天敌主要有梨小食心虫聚瘤姬蜂、松毛虫赤眼蜂
叶螨	深点食螨瓢虫、异色瓢虫、黑襟毛瓢虫、中华草蛉、塔六点蓟马、啮粉蛉、小黑花蝽、隐翅甲、东方钝绥螨、拟长毛钝绥螨、中华植绥螨、毛瘤长须螨、普通盲走螨等

续表 4-5

害虫	主要天敌
卷叶蛾类	卷叶蛾类卵期的天敌有拟澳赤眼蜂、松毛虫赤眼蜂；幼虫天敌有卷叶蛾肿腿姬蜂、卷叶蛾聚瘤姬蜂、舞毒蛾黑瘤姬蜂、卷叶蛾瘤姬蜂、中国齿腿姬蜂、顶梢卷叶蛾壕姬蜂、卷叶蛾甲腹茧蜂、卷叶蛾赛寄蝇等；蛹期天敌常见是粗腿小蜂。此外，虎斑食虫虻、白头小食虫虻和一些蜘蛛均可捕食卷叶蛾类的幼虫和蛹
蚜虫类	瓢虫（七星瓢虫、异色瓢虫、十三星瓢虫、多异瓢虫、黑背小毛瓢虫等）、草蛉类（大草蛉、丽草蛉等）、食蚜蝇类（黑带食蚜蝇、斜斑鼓额食蚜蝇等）、捕食蝽类（小黑花蝽、欧花蝽等）、寄生蜂类（苹果黄蚜茧蜂、麦蚜茧蜂、梨蚜茧蜂、苹果瘤蚜小蜂、苹果绵蚜日光蜂、蚜虫金小蜂等）
介壳虫类	黑缘红瓢虫、红点唇瓢虫、红环瓢虫、中华显盾瓢虫、跳小蜂等
潜叶蛾类	金纹细蛾跳小蜂、金纹细蛾姬小蜂、金纹细蛾绒茧蜂、潜叶蛾姬小蜂、白跗姬小蜂等

除了运用物理防治、生物防治果园害虫外，在虫害较重时可结合化学防治，即套袋后6—7月份喷25%的灭幼脲悬浮剂2 000倍液防治金纹细蛾，喷施2.5%敌杀死乳油1 500～2 500倍液防治卷叶虫，2.5%高效氯氰菊酯水乳剂1 500～2 000倍液，防治桃小食心虫。

6月中旬以后每隔10～20 d喷一次甲基托布津、多菌灵、退菌特、中生菌素、波尔多液等，防治轮纹病、炭疽病、黑红点病等。上述药剂应交替使用。

四、果实采收及采后如何进行管理？

（一）果实增色

在加强常规花果管理的基础上采用特殊措施，改善果实光照条件，人工促进着色，是提高果实品质和商品价值的重要途径。

1. 铺反光膜

生产上常用的反光膜有银色反光塑料薄膜和GS-2型果树专用反光膜。铺膜时间在果实着色期，套袋苹果在除袋后立即进行。铺膜前5 d清除铺膜地段的残茬、硬枝、石块和杂草，打碎大土块，把地整成中心高、外围稍低的弓背形。铺膜面

二维码4-3 苹果摘袋、摘叶和转果

积限于树冠垂直投影范围。铺反光膜时，膜面拉紧、拉平，各边固定。密植果园可于树两侧各铺一长幅反光膜，要求膜面平展，与地面贴紧，周边盖严，见图4-82。反光膜可以用石块、砖头或装了土的塑料袋压实。果实采收后，去掉膜面上的树枝、落果、落叶及埋压物等，小心揭起，卷叠后拿出园外用清水漂洗晾干后，放入无腐蚀性室内，以备第二年使用。

2. 摘叶

摘叶在除袋后1～2 d开始进行。先摘除贴果叶片和果实上部、外围靠近果实的遮光叶片，3～5 d后再摘除果实周围的遮光叶片，包括树冠内膛及下部果实周围10～20 cm以内的全部叶片。摘叶时要保留其叶柄。摘叶不能过多，过多则果实重量降低，并影响花芽质量；摘叶不能过早，过早则增加日灼，果面降色和破坏树体营养，全树摘叶量应控制在14%～30%的范围内。摘叶可以分期进行，第一次摘除应摘叶片的60%～70%，第二次摘除应摘叶片的30%～40%。摘叶前应通过细致秋剪疏除遮光强的背上直立枝、内膛徒长枝、外围密生枝，改善树冠各部通风透光条件，增进果面着色，见图4-83、图4-84。

图4-82　铺反光膜

3. 转果和垫果

转果可使果实着色指数平均增加20%左右，一般在除袋后15 d左右进行转果，此时果实阳面已上足色，见图4-85。转果时间以阴天或在晴天10时前和16时后为好，避开中午，以防日烧。方法是用手轻托果实，将其转动90°～180°，使果实阴面转到阳面，为了防止果实再转回原位，可用透明白胶带将果固定在附近合适的枝条上。转果时要顺同一方向进行，否则，果柄易脱落。一次转果后，如还有少部分未着色，5～6 d后再转一次，使果实充分受光，果面均匀着色。单果应顺同一方向转，转后将果贴在树枝上；双果应向相反方向转动。

垫果主要是为了防止果面摘袋后出现枝叶磨伤，利用泡沫胶带，把果面靠近树枝的部位垫好，见图4-86。

图4-83　摘叶（近景）

图4-84　摘叶（全貌）

具体做法是将泡沫胶带裁成大小不等的小方块，粘在与果实接触的枝条上，将果实垫起来，这样可以防止刮风造成果面磨伤，影响果品外观质量。辽南果区已大量采用这种方法，效果良好。

4. 应用增色剂

目前使用的增色剂主要是以微量元素为主的肥料，如氨基酸复合微肥、光合微肥、稀土微肥等。据汪景彦报道，采前20～40 d，喷2～3次增红剂1号1 500～2 000倍液，对苹果增红效果十分显著，不但着色提前7～10 d，而且果面光洁、鲜红艳丽。PBO也是生产上常用的增色剂，该药剂通过抑制旺长，使光合产物用于果实生长和营养积累，有利于果实增红。据孟庆刚报道（2000），在山东沂南县，选23个红富士试验点，分别于4月15日、5月15日、7月20日各喷1次250倍的PBO，结果表明果实着色期提前20～25 d，全红果率高、果面浓红且有金属光泽。张力飞等报道（2010）新嘎拉苹果于果实

图4-85　转果

图4-86　垫果

膨大期、采收前半个月各喷1次浓度为1 000 mg/kg精品稀土，增色效果也十分显著。

5. 采后增色

对达到一定成熟度但着色差的果实，可在采后促进着色，其适宜的环境条件是：10%左右的光照，10～20 ℃的温度，90%以上的空气相对湿度和早、晚果皮着露，果实增色显著。具体做法是：选地势高燥、宽敞平坦的通风处，先在地面铺3 cm厚的洁净细沙，将苹果果柄朝下，单层排好，果实间稍有空隙，若摆两层，则成品字形排列，使果个个见光。若天气干旱或无露水时，每天早、晚用干净喷雾器，向果面各喷一次清水，以果面布满水珠为度。太阳出来后，用草帘或牛皮纸等遮光，3～4 d果实着色后，翻动一次果实，使果柄向上。经4～5 d后整个果面可全部着色。

6. 艺术苹果

艺术苹果又称贴字苹果，是集书法、简笔画、剪纸等艺术作品的一种自然表现方式，见图4-87。贴字艺术苹果的生产过程包括图案设计、遮光图案纸制袋、绿色无公害果实套袋、果实摘袋、苹果筛选、图案粘贴、果实摘叶、果实转果、阳光照果、果实采收、图案摘除、选果、分级包装等多个步骤。由于字画的笔墨部分遮挡了太阳光线，当果实采收时，红艳艳的苹果表面上，便晒制出金黄色的各式图案或书法作品。卡通动物、十二生肖，栩栩如生，生动可爱；各体书法，清晰逼真。“福禄寿喜”寄托美好愿望，“吉祥如意”传达真挚情感，见图4-88。

图4-87 艺术苹果

贴字艺术苹果是阳光雕刻的艺术，满含大自然的祝福，是文化农业、情感农业、智慧农业、礼品农业的体现，融艺术情感入苹果，让苹果成为传递情感祝福，提高文化品位的美丽使者，赋予苹果人文气息。目前开发的产品有：节庆祝福系列、爱情果系列、圣诞果系列、婚礼喜庆果系列、民间艺术系列、生日祝福果系列、企业定制系列。

（二）果实采收及包装

1. 制定采收方案

采收方案以当年苹果市场需求为导向，以果实成熟度为主要依据，确定全园采收的时期、批次、技术规程以及相应的资金、人力、物资等资源的调配。首先，根据市场销售价格决定采收时间，可对同一株树实行分期分批采收，有助于提高产量，实现品质和商品的均一性，便于分级出售，提高售价。其次，果品用途决定采收时间，用于当地鲜食销售、短期贮藏以及制果汁、果酱、果酒的苹果应在果实已表现出本品种特有的色泽和风味时采收。用于长期贮藏和罐藏加工的苹果应适当提前采收，具体采收时期根据果皮色泽、果实生长日数及生理指标等综合因素确定。如用于长期贮藏的红富士苹果适宜采收的指标为果实生长175～180 d，果肉硬度为6.36～7.26 kg/cm^2，可溶性固形物含量达14.0%以上，淀粉指数达1～2级，果面由绿变为淡红、深红。

图4-88　艺术苹果礼盒

2. 采前准备

采收前应在考察市场、建立销售网络的基础上，掌握市场最新信息，随时与客户保持联系；准备好采收工具、包装用品、分级包装场所及果场果库；集中培训采收人员，掌握操作规范，以减少采收损失，提高劳动效率。

3. 采收方法

采收应选择在晴天进行，如被迫在雨雾天采果时，采收后应将果实放在通风处晾干。采前，应先拾净树下落果，减少踩伤。先采树冠外围和下部的果，后采上部和内膛的果，逐枝采净，采后再绕树细查一遍，防止漏采。采收中尽可能用梯、凳，少上树，以保护枝叶、果实不被碰伤或踏伤。采收人员要剪短并修圆指甲，戴手套采收，以免刻伤果面，见图4-89。采收、运输时要轻摘、轻装、轻卸，以减少碰伤、压伤等。注意保护果梗。对于红富士等果梗较长的果，要用采果剪将果梗剪到梗洼深处，以免果梗磨伤果肩和刺伤其他果，见图4-90。

分批采收时，先采树冠上部和外围着色好、果个大的果实。5～7 d后同样采着色好的果实，再过5～7 d采收其余部分。同一株树上，也要按先外后内、由近及远的顺序进行采收。

4. 采后处理

（1）分级。将收获的苹果，根据其形状、大小、色泽、质地、成熟度、机械损伤、病虫害及其他特性，依据相关标准，分成若干等级，使同一级别的苹果规格、品质一致，果实均一性高，从而实现果实商品化，适应市场需求，有

图4-89　戴手套采收

图4-90　剪果柄至梗洼深处

利于贮藏、销售和加工，达到分级销售，满足不同层次消费者的需要。分级可按苹果外观等级标准（NY/T 439—2001），见表4-6，采用人工或机械方法进行。

人工分级是比较传统的方法。利用果尺上直径不等的圆孔将果实分级，见图4-91。而果形、色泽、果面的光洁度等指标完全凭借人员的目测和经验分级，这种参入人的主观因素的分级方法准确度较低，在用工成本急剧增加的情况下，越来越体现出机械分级的优势。果品分级机的机型包括果品尺寸分级机、重量分级机、光电分级机等。从目前国内市场对果品分级要求的标准和现有果

图4-91　果尺

品加工车间的设计水平来看，机械重量分级机较为适用。

表 4-6　苹果外观等级规格指标

项目		特等	一等	二等
基本要求		充分发育，成熟，果实完整良好，新鲜洁净，无异味、不正常外来水分、刺伤、虫果及病害，果梗完整		
色泽		具有本品种成熟时应有的色泽，苹果主要品种的具体规定参照表 A		
单果重 /g		苹果主要品种的单果重等级要求见表 B		
果形		端正	比较端正	可有缺陷，但不得有畸形果
果梗		完整	允许轻微损伤	允许损伤，但仍有果梗
果锈（1）	褐色片锈	不得超出梗洼和萼洼，不粗糙	可轻微超出梗洼和萼洼，表面不粗糙	不得超过果肩，表面轻度粗糙
	网状薄层	不得超过果面的 2%	不得超过果面的 10%	不得超过果面的 20%
	重锈斑	无	不得超过果面的 2%	不得超过果面的 10%
果面缺欠(2)	刺伤	无	无	允许干枯刺伤，面积不超过 0.03 cm^2
	碰压伤	无	无	允许轻微碰伤、压伤，面积不超过 0.5 cm^2
	磨伤	允许轻微磨伤，面积不超过 0.5 cm^2	允许不变黑磨伤，面积不超过 1.0 cm^2	允许不影响外观的磨伤，面积不超过 2.0 cm^2
	水锈	允许轻微薄层，面积不超过 0.5 cm^2	轻微薄层，面积不超过 1.0 cm^2	面积不得超过 2.0 cm^2
	日灼	无	无	允许轻微日灼，面积不超过 1.0 cm^2
	药害	无	允许轻微，面积不超过 0.5 cm^2	允许轻微药害，面积不超过 1.0 cm^2
	雹伤	无	无	允许轻微雹伤，面积不超过 0.8 cm^2
	裂果	无	无	可有 1 处短于 0.5 cm 的风干裂口
	虫伤	无	允许干枯虫伤，面积不超过 0.3 cm^2	允许干枯虫伤，面积不超过 0.6 cm^2
	痂	无	面积不得超过 0.3 cm^2	面积不得超过 0.6 cm^2
	小疵点	无	不得超过 5 个	不得超过 10 个

注：（1）只有果锈为其固有特征的品种才能有果锈缺陷。

（2）果面缺陷，特等不超过 1 项，一等不超过 2 项，二等不超过 3 项。

表 A　苹果主要品种的色泽等级要求

品种	特有色泽	最低着色百分比 /%		
		特等	一等	二等
元帅系	浓红或紫红	95	85	70
富士系	片红 / 条红	90/80	80/70	65/55
寒富	浓红或鲜红	90	80	65
华冠	鲜红	90	80	65
秦冠	暗红	90	80	65
秋锦	暗红	90	80	65
嘎拉系	红色	80	70	55
乔纳金系	浓红或鲜红	80	70	55
津轻系	红色	80	70	55
国光	暗红或浓红	70	60	50
金冠系	绿黄	现出其固有色泽		
王林	黄绿或绿黄	现出其固有色泽		

注：（1）本表中未涉及的品种，可比照表中同类品种参照执行。
（2）提早采摘用于出口和长期贮藏的金冠系品种允许淡绿色，但不允许深绿色。

表 B　苹果主要品种的单果重等级要求

品种	特等 /g	一等 /g	二等 /g
元帅系	≥240	≥220	≥200
乔纳金系	≥240	≥220	≥200
富士系	≥240	≥220	≥200
王林	≥200	≥180	≥160
秦冠	≥200	≥180	≥160
寒富	≥200	≥180	≥160
金冠系	≥200	≥180	≥160
华冠	≥200	≥180	≥160
津轻系	≥200	≥180	≥160
秋锦	≥200	≥180	≥160
嘎拉系	≥180	≥150	≥120
国光	≥180	≥150	≥120

表C 红富士单果理化指标

果实硬度 /（kg/cm²）	可溶性固形物 /%	总酸量 /%
不低于 7.84	不低于 13	不高于 0.4

（2）洗果。洗果是对果实用清水采用浸泡、冲洗、喷淋等方式水洗或用毛刷等清除果实表面污物、病菌，使果面卫生、光洁。清水未能洗净的果实可用0.1%的盐酸溶液洗果1 min左右，再用0.1%的磷酸钠溶液中和果面的酸，后用清水漂洗。

（3）打蜡。在果面上涂一层果蜡，光泽诱人、价格提升。果面上涂的果蜡是可食性液体保鲜剂，经烘干固化后，形成一层鲜亮的半透性薄膜，用以保护果面，适当堵塞皮孔，抑制呼吸作用，减少营养消耗和水分蒸发，延迟和防止皱皮、萎蔫，抵御病菌侵染，防止腐败变质，从而改善果实商品性状。涂蜡剂的种类主要有石蜡类（乳化蜡、虫胶蜡、水果蜡等）、天然涂被膜剂（果胶、乳清蛋白、天然蜡、明胶、淀粉等）和合成涂料（防腐紫胶涂料等）。涂蜡机用的果蜡是专门用于水果的可食性安全保鲜膜剂。涂蜡方法有人工涂蜡和机械涂蜡。清洗后的苹果数量不多时，可采用人工涂蜡法，即将果实浸蘸到配好的涂料中，取出后即可，或用软刷、棉布等蘸取涂料，均匀抹于果面上，涂后揩去多余蜡液。苹果数量较多时，采用涂蜡分级机进行，可同时完成清洗、分级、打蜡3项工作。

5. 包装

经过分级、清洗、打蜡等处理后就要进行苹果包装。销售包装包括普通包装和装潢包装两种，目前以前者为主。随着苹果商品化程度的提高，果园经营者一方面应注重生产技术中的品牌和诚信意识，另一方面应在外观品牌上形成鲜明的特色，精心设计包装，注重产品形象，强化市场意识，提高竞争能力。

包装材料要求卫生、美观、高雅、大方、轻便、牢固，利于贮藏堆码和运输。主要包装材料有纸箱和钙塑箱。纸箱包括两种：一种是瓦楞纸箱，其造价低，易生产。但纸软，易受潮，可作为短期贮藏或近距离运输用。另一种是由木纤维制成的纸箱，质地较硬，可作为远距离运输包装用。钙塑瓦楞箱是用钙塑瓦楞板组装而成，轻便、耐用、抗压、防潮、隔热，虽造价稍高，但可以重复使用。另外，配合使用的还有包装软纸、发泡网、凹窝隔板等。包装箱的规格一般按容量分为10 kg、15 kg、20 kg。现在的精品礼品盒包装容量还包括2 kg、3 kg、4 kg、5 kg等，见图4-92。

图4–92　礼盒包装

（三）秋季修剪

秋季修剪是指秋季对生长旺而且枝条密的幼树或大树在新梢停长后20 d左右到落叶前30～40 d进行的修剪。此次修剪是带叶修剪，比生长季节的其他修剪措施修剪量大，比冬季修剪的养分损失大。但通过秋季修剪，疏除过密枝解决通风透光条件，促进叶片后期的光合作用和蒸腾作用，使叶片延迟衰老，提高光合产物，充实枝条和花芽，增进果实着色，提高果实品质。对旺树有整体减缓生长势的作用，一般不会像冬剪引起强烈反应，第二年不会出现旺长。秋季修剪对内膛枝组有复壮效果，减少无效营养消耗。经过秋剪的果树，第二年发枝的质量有所提高，叶片大，短枝量

图4–93　拉枝后状态

增加。

秋季修剪内容：疏除春、夏季未做处理的着生在各部位的各类无效营养枝，枝组先端抽生的强旺枝条，以及环剥、环割口附近的萌条。短截着生在内膛和背下部位角度大、细弱下垂的营养枝，还有未及时停长的秋梢。对春“戴帽”夏“光杆”，连年缓放未成花的临时枝，秋剪回缩或疏除，去强留中庸。多年生大、中型枝组和辅养枝，按空间大小进行秋季回缩，或先疏除部分枝，削弱梢头生长势，来年回缩（图4-93）。对生长势衰老的结果枝组，留2～3个分枝回缩复壮，当年既有成花可能，来年又不能旺长。继续拉枝，辅养枝和可利用的徒长枝可拉枝至90°以上。

（四）秋施基肥

进入8月份以后，早、中熟品种陆续进入成熟期，在土肥水管理上继续坚持雨后除草、松土工作；雨季注意防洪排涝，山地防止暴雨冲刷，毁坏梯田壕埂，平地防止积水浸泡果树。继续做好果园覆草，或积草沤制、高温堆肥等工作。对高秆（茎）绿肥进行刈割压青，培肥土壤。

施基肥时以腐熟的有机肥为主，先挖沟，然后加入一些作物秸秆、杂草、枝叶，上覆有机肥，同时可混加少量的速效肥和过磷酸钙等，见图4-94。撒施是将肥料撒在距树干50 cm以外的树冠下，然后耕翻20 cm深。研究表明，地表以下15 cm左右的表层根对花芽分化和果品质量的影响最大。全园撒施有机肥料对恢复树势效果更加明显。在有机肥肥源不足时可追施有机果树专用肥，

图4–94 施基肥

结合果园压草，一般株施5～10 kg，随即灌水，或选择小麦、玉米等秸秆，每亩压草1 000 kg左右，每年保持覆草10 cm以上，在草上撒少量土，加速草的腐烂，还可同时预防火灾的发生。

为了促进果实着色，提高果实品质，在加强土肥水管理，强健树体的基础上，果树成熟期间要保持土壤干燥，控制水分，避免果实含糖量降低，影响着色；果实生长期要适当控制氮肥施用量，减少枝叶过旺生长，保证果实获取足够的同化物，以利着色。8月份喷洒0.2%～0.3%的磷酸二氢钾，可防止元帅系的红星、红冠、新红星等品种采前落果，可减少50%～60%的落果。适当增加钙肥施用量，可有效提高果实含糖量，增强果实贮藏期间的抗性。

（五）病虫害防治

苹果摘袋后1～2 d，喷施1次优质安全的治疗性杀菌剂，防止病菌感染果实，保证果品质量，阴雨潮湿果园应尤为注意。可选用的药剂有：30%龙灯福连（戊唑·多菌灵）悬浮剂1 000～1 200倍液、70%甲基托布津可湿性粉剂或500 g/L悬浮剂1 000～1 200倍液、500 g/L统旺（多菌灵）悬浮剂1 000～1 200倍液。

一般苹果果实采后距落叶休眠还有1个月的时间，此间防病保叶至关重要。

图4–95　大青叶蝉及其为害状

图4–96　苹果绵蚜为害状

采果后要连续喷1～2次杀菌剂和叶面肥，通过喷施，可显著延长叶片的功能期，提高光合效率，以利果树越冬和第二年生长结果。秋后及时喷布0.5%尿素、0.3%磷酸二氢钾，尤其幼树喷磷酸二氢钾可防抽条。在大青叶蝉成虫产卵之前（即9月10日前），在树主干、主枝上涂刷涂白剂，阻止成虫产卵。也可用2.5%氯氟氰菊酯3 000倍液+3%高渗苯氧威3 000倍液喷施，或50%辛硫磷乳油1 000倍液，或10%吡虫啉可湿性粉剂2 500倍液均匀喷雾。每隔7～10 d喷1次，一般喷2次。喷药时在果树及其地面的杂草和间作物上要同时喷雾。大青叶蝉及其为害见图4-95。

秋季也是苹果绵蚜防治的关键期，喷药1～2次即可，苹果绵蚜为害见图4-96。常用药剂有35%龙灯硫丹（硫丹）乳油1 000～1 500倍液、48%顶勇（毒死蜱）乳油1 000～1 500倍液、350 g/L连胜（吡虫啉）悬浮剂4 000～5 000倍液等。配药时加入农药助剂有机硅效果更好。除全园喷药外，发生病害严重的树要重点防治，在大剪口、锯口等绵蚜聚集的地方抹泥后包裹塑料膜，闷死害虫。

五、休眠期如何进行管理？

（一）树体保护

北方果区一般有寒害周期。为了将生产损失降至最小，果树生长后期还需注意以下内容，确保树体顺利越冬。

1. 抽条及其预防

抽条又叫生理干旱或冻旱，是指幼树越冬后枝条干缩、死亡的现象。在我国华北、东北、西北地区干旱、春风大的果区常有发生。抽条症状是先从枝条成熟度差的顶部开始，逐渐向下抽干，外观上无斑痕，只是枝条干枯、皮皱，但组织并不变色。春季萌芽期，芽眼不能萌发。

（1）抽条的原因 早春天气干燥，风速较大，持续时间长，地上部树体蒸发量大，但此时根际土壤尚未解冻，根系不能吸收水分上运，出现地上部与地下部水分接不上，水分供应失调，引起枝条抽干现象。此外，抽条也与品种差异、根系与砧木、栽培与树势有关。不同苹果品种抽条轻重差异明显，一般黄魁、红魁、祝光抽条较轻，国光、青香蕉、新红星居中，红富士、金冠较重。

根系深广的植株抽条轻，反之则重，主要是根系供水能力差异所致。幼树易抽条也与根系状况有关。此外很多的栽培技术也影响抽条的发生，如修剪过重、新梢旺长、生长停止晚、贮藏养分少的树，易出现抽条重。相反，生长势过弱，连年轻剪缓放、结果过量、贮藏养分少的树，则易出现抽条；偏施氮肥、灌水过多，树势易旺、抽条必重；过度干旱、病虫猖獗、叶片早落树，抽条也重；阴坡、洼地或风口处果园，抽条也重；大青叶蝉为害重、杂草多的果园抽条重。

（2）防止抽条措施 做到适地适栽。选择抗寒砧-穗组合，如山定子、海棠、西府海棠等抗寒性强的乔化砧木以及B9、B118，GM256，77-34等，从品种上选用抗寒性良好的品种。改进栽培技术，如砧木建园，就地高接；保持树势中庸健壮，对冬前大多不能自然落叶的幼树，可在9月底10月初，人工去除新梢上的叶片；加强大青叶蝉的防治；在果树落叶后到土壤结冻前，灌封冻水和春季灌解冻水；盖地膜可以提高地温、促进根系活动，增加吸水、供水量；营造防风林，降低风速，减少蒸发，保护果树；冬前修剪，减少枝量，可相对减少蒸发表面积，改善留下来的枝条的水分供应。还可以应用喷布保水剂、高脂膜的办法保护枝条。对抽条不严重的地区应用树干涂白，还可用凡士林加熟猪油调匀在落叶至封冻前用毛刷将混合物均匀涂抹到一二年生枝上，全树涂抹更好。据报道，北京顺义区林业局在红富士苹果幼树上连续几年喷布羧甲基纤维素，防止抽条效果较好而且稳定。其喷布时间是2月20日和3月10日，喷布浓度为100～200倍液，植株无一抽条，完好率达100%。

树干涂白应在10月下旬～11月上旬土壤封冻之前，即霜降前后进行，见图4-97。其目的是防止树体温度发生剧烈变化，预防日灼，加入石硫合剂还可以防止病虫害。原料配比为生石

图4-97 树干涂白

灰15份、水30份、盐2份、油0.2份、石硫合剂原液2份。没有生石灰可以用白云灰代替，即白云灰15份、水15份、盐1份、油0.2份、石硫合剂原液1份。配制时先用少量的水将盐溶开，后用少量的水将生石灰（或白云灰）化开，加入油充分搅拌，加入剩余的水制成石灰乳。再将石硫合剂原液和盐水加入石灰乳中，搅拌均匀。涂白时从树干第一主枝分叉处由上往下涂白，刷子的走向为从下向上，纵向涂抹。要求涂抹均匀、周到，有一定的厚度，并且薄厚适中。

2. 冻害及其预防

冻害是越冬期间气温或地温低于果树某器官或某部位所能忍受的温度下限值，引起冷冻伤害或死亡的现象。冻害是北方偏北苹果产区普遍发生的严重的自然灾害。果树冻害表现在枝干、芽、花、幼果、果实等部位。

（1）冻害的原因 不同的砧木对其嫁接品种抗寒性的影响有差异；品种不同其抗冻性也有差异；枝条的成熟度也影响抗寒性，枝条越成熟其抗寒性愈强，枝条停长较早的贮藏养分多，较抗寒；秋冬寒流来得早，温度较低且持续时间长；冬季气温多变、昼夜温差大，树体易受冻。加遇倒春寒温度较低，会使解除休眠的树体严重受冻。另外，地势、坡向、水体和是否有防护林都影响果树冻害发生。栽培技术水平高低对苹果树的抗寒性也有较大影响。如重修剪、多打头，树势旺，秋梢停长迟的树易受冻；前促后控树冻害轻；密植果园因群体密集有相互防护作用，故冻害较轻；采收过晚，果实易冻在树上，同时树体贮藏营养消耗于果实上太多，自身积累少，易受冻；由于病虫害严重造成树体衰弱，叶片受损、早落叶，树体冻害严重。

图4-98　根颈培土

（2）防治冻害措施 做到适地适栽，还要注意不在地下水位高、低洼地和风口处建园，将抗寒力差的品种栽在背风向阳、山坡中段。在苹果栽培较北地区，温度低、风沙大，可在建园前先计划好营造防护林或在果树栽植的同时，栽好防护林来保护幼树。适合当地气候选择抗寒性强的砧-穗组合避免或减轻冻害发生。选择适于当地气候条件的耐冻、耐藏、优质的苹果品种是防止冻害的重要措施。在品种确定以后，加强栽培技术措施更是防治冻害的关键，如在肥水管理上，前期以氮肥为主，后期施用磷、钾肥为主，前期适当供水，后期控水和排水，使幼树早长、早停，增加树体营养贮藏，有利于树体安全越冬。适度密植，加强群体防护作用，可减轻冻害。加强四季修剪，控制过旺生长，促进成花结果。在落叶后或入冬前，树干涂白或绑草，用土覆盖好裸露的根系，根颈处培土（但不宜过高），冬剪伤口涂封剪油等保护剂，可有效保护果树安全越冬（图4-98）。

3. 霜冻及其预防

霜冻是指生长季里植物体表面的温度下降到使其遭到伤害或死亡的现象。霜冻也属低温导致的冻害，与上述的冻害不同之处在于其发生在生长期。北方苹果产区常有早霜和晚霜（秋、春）侵袭，造成不同程度的伤害，轻者减产，重者绝产，对果树威胁较大。霜冻部位表现在萌动芽，花蕾期和花期的花蕾、花以及落花后子房、幼果和叶片等。霜冻的类型有平流霜冻、辐射霜冻、混合霜冻等。

（1）影响霜冻的因素 地势和地形、品种和器官、树冠高度与方位等都会影响霜冻的发生和发生程度。纬度或海拔越高，气温越低，霜冻频率就越大，越易受霜冻。洼地、谷地霜害重，山坡上部霜害轻于下部，中部最轻。靠近较大水面或河海附近，霜害较轻或不发生霜冻。品种的抗寒性也有差异，果树各器官抗霜能力也不同。据测试，苹果花期霜冻的临界低温各器官略有差异：花蕾期为-2.8～3.85 ℃；开花期为-1.6～2.2 ℃；幼果期-1.1～2.2 ℃。同一朵花雌蕊比雄蕊不耐低温，柱头遇-1.5 ℃低温即受冻害。幼果的种子又较其他部分更不耐低温。树冠不同方位霜冻程度不同，迎风面（北）的花朵受冻率高于背风面的受冻率。不同高度树冠的霜冻情况也有差异，表现为在距地面越近，霜冻越重，随树冠部位的升高，霜冻程度递减。在霜冻频繁的地区，适当提高树冠高度，能减轻霜冻程度。

（2）防止霜冻措施 果园园址尽量避开地下水位高、低洼地、排水不良处等，选择丘陵、倾斜地和阳坡地建园，空气流通，霜冻机率小。春季多次灌水或喷灌，可显著降低地温，延迟发芽。枝干涂白，可延迟萌芽、开花2～3 d。腋花芽比顶花芽晚开花2～4 d，若顶花芽受霜冻，可利用腋花芽结果，减少损失。芽萌动初期，喷0.5%氯化钙后，可延迟花期5 d左右。越冬前或萌芽前，树上喷布萘乙酸甲盐（250～500 mg/kg）溶液或顺丁烯二酸，可抑制萌动，推迟花期3～5 d。在最低温度不低于−2 ℃的情况下，可利用浓密烟雾防止土壤热量的散发，防霜效果较好。发烟物可用硝酸铵、锯末、废柴油、细煤粉配成，也可利用作物秸秆、杂草、落叶等能产生大量烟雾的易燃材料。对受冻或部分受冻的花，进行人工授粉，同时喷洒0.5%蔗糖水加0.2%～0.3%的硼砂，或喷施0.2%的钼肥，均有减轻霜冻危害和提高坐果率的作用。霜冻后，疏除无商品价值的幼果，多施（喷）肥料，防治病虫害，保护好叶片，均衡供水，确保树势健壮，增加坐果，增大果个，保证丰收。

（二）整形修剪

1. 目标任务

选培标准树形，形成合理结构，改善通风透光条件，调整、平衡树势，调节养分生产、供给与积累，解决生长结果矛盾，确保优质、安全、稳产，并延长结果年限。

2. 规范树形

56株/亩以下园块推行“改良纺锤形”，即干高70～80 cm，树高3.5 m左右；中心干与主枝粗度比（4～5）：1，水平主枝10～12个，开张角度90°左右，其中基部错生3个主枝，斜向行间，枝长1.3～1.5 m；冠中、上部8～9个小主枝，开角105°，枝长1.0～1.3 m。64株/亩以上园块推行“细长纺锤形”，即干高90～100 cm，树高3 m左右。中心干顺直，与主枝粗度比（5～6）：1，选培小主枝14～15个，保持直线延伸，开张角度95°～105°，枝长1.0～1.2 m。

3. 技术要求

采取提干、落头、疏枝、缩冠、开角等技术措施，力求达到留枝量6万～8万个/亩，其中长、中、短枝比为10：30：60，顶花枝率达30%以上。具体操作规程有：抬高主干，加粗中心干；控制树高，缩小冠幅；加大主枝角度，减少大枝数量；理顺枝头，疏除病枝；保持中心干健壮直顺，主枝间距15～25 cm，单轴直线延伸，插枝补空，螺旋上升，不竞争、不轮生、不对生、不重叠、不交叉；以中、短果枝为主，枝组以小型为主，背下斜生分布，相隔15～25 cm，逐步培养垂帘式结构枝组，见图4-99；剪除腐烂病枝、白粉病枝及小叶病梢和卷叶病虫梢；用封剪油涂抹较大剪、锯口。

图4-99　苹果垂帘式结果主枝的形态

（三）清理果园

落叶后或11月下旬，为消灭越冬病菌和害虫，一定要认真清园、刮除老树皮、刮治腐烂病、剪除枯枝、腐烂病病枝、病虫枝、除杂草，然后将这些病虫枝带出果园烧毁。所有剪口、锯口均涂药保护。

参考文献

［1］张力飞. 苹果高效栽培［M］. 北京：机械工业出版社，2014.

［2］王江柱，徐建波. 苹果主要病虫草害防治实用技术指南［M］. 长沙：湖南科学技术出版社，2010.

［3］周其文，刘潇威，刘凤枝，等. NY 5013—2006 无公害食品 林果类产品产地环境条件［M］. 北京：中国农业出版社，2006.

［4］郭民主. 苹果安全优质高效生产配套技术［M］. 北京：中国农业出版社，2006.

［5］杨亚州，赵政阳，高华，等. 晚熟苹果新品种‘瑞香红’［J］. 园艺学报，2021，48（3）：609-610.

［6］杜学梅，高敬东，王骞，等. 苹果重茬障碍研究进展［J］. 中国南方果树，2021，50（2）：191-195.

［7］李学军，沈炼平. 苹果幼树早果丰产栽培管理技术［J］. 现代农业，2013（4）.

［8］陈汉杰，张金勇，涂洪涛，等. 苹果、梨园悬挂黄色粘板诱虫的生态效应［J］. 果树学报，2012（1）.

［9］王树桐，梁魁景，王亚南，等. 不同树龄苹果园土壤微生物的差异及对苹果砧木生长的影响［J］. 果树学报，2011，28（3）：384-388.

［10］李广文，燕志晖. 矮化苹果高效栽培关键技术［J］. 烟台果树，2010（3）.

［11］路超，王金政. 苹果节本增效生产技术［J］. 山东农业科学，2009（6）.

［12］张林森，马峰旺，李丙智，等. 国外苹果高纺锤形整形技术与应用［J］. 果农之友，2009（10）.

［13］孙凤珍，马利红，徐丽娜，等. 无公害苹果病虫害防治技术初探［J］. 中国食物与营养，2007（6）.

［14］王强，刘肖烽. 苹果新品种—华红2号［J］. 中国南方果树，2021（05）：137-138.

［15］王江柱. 苹果高效栽培与病虫害看图防治. 2版. 北京：化学工业出版社，2019.